企业员工安全教育丛书

新员工安全知识读本

罗　云　主编

煤 炭 工 业 出 版 社

·北　京·

内 容 提 要

本书是各行业和企业新员工的安全生产入门读本，是一本员工安全生产通俗、普及性读物。

本书主要包括如下内容：新员工安全生产入门；员工安全生产法律保障；生产安全事故预防知识；职业病预防知识；事故应急救援等。

本书可作为各行业企业对新员工安全培训的教材，也可供企业员工安全生产知识的自学和各行业安全生产管理人员参考。

企业员工安全教育丛书

编 委 会

前言

事故的统计分析表明，80% 以上的事故都是由人的不安全行为引起的。因此，人的因素是安全生产系统中首要的、关键的因素。生产作业人员的安全素质是企业安全生产的根基和归宿，而新员工往往是更为重要的群体。

基于上述认识，我们编写本书，并期望通过此书达到如下目的：

一是增强企业新员工的安全意识。意识是行为的前提，强化安全意识，做到遵章守纪，是现代企业员工的基本要求。

二是提高新员工的安全素质。人的安全素质的最基本内涵和体现就是安全知识体系。本书针对新员工的特点，充分介绍安全生产法规、安全生产管理、安全生产技术、职业健康保障、事故特点规律等方面的知识，让新员工在上岗之前，对安全生产的要求和知识有全面的了解。

三是提升新员工的安全生产能力。本书的内容包括事故预防、职业病防范、事故应急处置等员工安全能力方面的知识。通过对此类知识的掌握，使员工学会在岗位和生产作业过程中预防事故、保障健康。

本书内容浅显易懂，是各行业新工人通用的安全生产入门知识读本。包含的主要内容有：新员工安全生产入门，员工安全生产法律保障，生产安全事故预防，职业病预防常识，现场急救与逃生基本常识等。

本书不但适合劳动密集型的行业，如建筑、煤矿、非煤矿山、冶金、有色、地质勘探、石油、化工等，对于机械、电子、纺织、轻工、食品加工、森工、家电维修、城建施工等行业的新员工也同样具有可读性。

书中有不当之处，望读者不吝指正。

编　者

2008 年 9 月

目　次

前言

第一章　新员工安全生产入门 …… 1

第一节　安全生产基本认识 …… 1
第二节　安全生产教育培训 …… 8
第三节　提高员工安全素质 …… 12

第二章　员工安全生产法律保障 …… 17

第一节　国家法律对安全生产的保障 …… 17
第二节　员工工伤保障政策 …… 25
第三节　员工安全健康权益保障 …… 33

第三章　生产安全事故预防 …… 44

第一节　触电事故的预防 …… 44
第二节　机械事故伤害及预防 …… 49
第三节　起重伤害及预防 …… 55
第四节　锅炉与压力容器事故及预防 …… 60
第五节　运输事故的预防 …… 65
第六节　火灾及爆炸事故的预防 …… 69
第七节　道路交通事故预防 …… 75
第八节　安全色与安全标志 …… 77

第四章　职业病预防常识 …………………………………… 85

第一节　职业卫生基础常识 ……………………………… 85
第二节　职业病预防措施 ………………………………… 87

第五章　现场急救与逃生基本常识………………………… 102

第一节　基本的急救技术………………………………… 102
第二节　常见职业中毒的急救…………………………… 113
第三节　自救逃生方法…………………………………… 117

参考文献…………………………………………………… 122

第一章　新员工安全生产入门

第一节　安全生产基本认识

一、安全生产的内涵

安全生产是指在劳动生产过程中，努力改善劳动条件，克服不安全因素和不卫生条件，使劳动生产在保证劳动者的安全和健康、国家财产免受损失的前提下进行。它既包括对劳动者的保护，也包括对生产设备、财物、环境的保护，使生产活动正常进行。

安全生产是安全与生产的统一，安全是生产的基础和前提，生产必须安全。搞好安全工作，不断改善劳动条件，是政府和企业的责任和义务；保护新员工的安全与健康，减少职工伤亡，可以减少劳动力的损失，发展生产；预防和减少财产的损失，可以增加企业效益，无疑会促进生产的发展。而生产必须安全，则是因为安全是生产的前提条件，没有安全就无法生产。

二、安全生产的意义

安全生产是党和国家在生产建设中一贯的指导思想和重要方针，是全面落实科学发展观与构建社会主义和谐社会的必然要求。

安全生产的根本目的是保障劳动者在生产过程中的安全和健康。安全生产是安全与生产的统一，没有安全就无法正常进行生产。搞好安全生产工作，改善劳动条件，减少职工伤亡与财产损失，不仅增加了企业效益、促进企业的健康发展，而且促进了社会的和谐、保障经济建设的安全运行。

安全生产是每个企业一项根本性质的大事。它不仅是一项技术工作，更重要的还是一项政治工作。因此，它具有极其重要的政治意义和经济意义。

1. 安全是员工的最大福利

企业的经济效益和职工福利，都是建立在安全生产基础上的。没有安全就没有企业稳定的发展环境，就不可能有持续健康的发展和效益。同时，保障生产的安全，有效地避免安全事故，降低事故率和职业病发病率，对员工是生命权和健康权的保障，更是个人家庭幸福的保障。因此，做好安全生产工作，不但能提高企业生产经济效益，更能为职工谋取更多的福利，实现员工与企业的共同发展。因此，每个员工应该认识到：

(1) 安全对自己有利。做好安全生产，首先对个人有利，“以人为本，生命为本”，有了生命的“本钱”，个人才能为社会、企业和家庭创造更大的财富。

(2) 安全对家庭有利。“平安是福”、“生命胜金”，只有保障安全生产，实现“安安全全上班去，平平安安回家来”，家庭才能美满，个人才有幸福，财富才有意义。

2. 安全也是生产力

安全的生产力作用表现在如下三方面：

首先，职工的安全素质就是生产力。由于劳动力是生产力，劳动力的安全素质的提高，使劳动力的直接和间接的生产潜力得到保障和提高，因此，围绕职业安全素质提高的安全活动（安全教育、安全管理等）具有生产力意义。

其次，安全装置与设施是生产资料（物的生产力）的重要组成部分。生产资料是生产力，而安全装置与设施是生产资料不可缺少的组成部分，因此，安全装置与设施是生产力的组成部分。

再次，安全环境和条件保护生产力作用的发挥，从而体现安全间接的生产力作用。因此，每个员工还需认识到：

（1）安全对企业有利。安全生产对于企业是经营准入的条件，是市场竞争的要素，是持续发展的基础，是利润的组成部分。安全生产是企业效率和效益的基石。

（2）安全对国家有利。安全生产是社会进步与文明的标志，是生产力发展的基础和条件，是人民安居乐业的保证和人民生活质量的体现，是社会经济快速健康持续发展的基础。因此，安全生产是“科学发展”的重要内涵，是“和谐社会”的主体内容。

三、我国的安全生产方针

党中央、国务院历来重视安全生产工作，通过颁布《中华人民共和国安全生产法》（以下简称《安全生产法》），明确了“安全第一、预防为主”的安全生产方针。这一方针要求各级人民政府及其安全生产监督管理部门、有关部门和生产经营单位，无论在任何时候都必须把安全放在一切工作的首位，把预防事故作为安全生产工作的着眼点和落脚点，进行主动的、超前的生产安全事故防范。

“安全第一、预防为主”的方针实质上体现为“六先”：

（1）安全意识预先。随着经济发展与社会进步，安全生产已不再是生产经营单位发生事故造成人员伤亡的个别问题，而是事关人民群众生命和财产安全，事关国民经济发展和社会稳定大局的社会问题和政治问题。关爱生命，关注安全，是全社会政治、经济和文化生活的主题之一。重视和实现安全生产，必须有强烈的安全意识。只有增强全体公民特别是从业人员的安全意识，才能使安全生产得到普遍和高度的重视，极大地提高全民的安全素质，使安全生产变成每个生产劳动者的自觉行动，从而为保障安全生产奠定扎实的基础。

（2）安全投入优先。生产经营单位要具备法定的安全生产条件，必须有相应的资金保障，安全投入是生产经营单位的“救命钱”。一些生产经营单位特别是非国有生产经营单位重效益轻投入，其安全投入较少或者严重欠账，因而导致安全技术装备陈旧落后，不能及时得到更新、维护，这就必然使许多不安全因素和事故隐患不能及时发现和消除，抗灾能力下降，引发事故。要预防事故，必须有足够的、有效的安全投入。

(3) 安全责任首先。要实现安全生产，必须建立健全各级政府部门和生产经营单位的安全生产责任制，各负其责，齐抓共管。《安全生产法》突出了安全生产监督管理部门、有关部门主要负责人和监督执法人员，以及生产经营单位主要负责人的安全责任，目的在于通过明确安全责任来促使他们重视安全生产工作。

(4) 建章立制放先。“预防为主”需要通过生产经营单位制定并落实各种安全措施和规章制度来实现。没有规矩，不成方圆。生产经营活动涉及工种、工艺、设施设备和材料等多个方面，错综复杂，必须制定相应的安全规章制度、操作规程，并采取严格的管理措施，才能保证安全。安全规章制度不健全或者安全管理措施不落实，势必埋下不安全因素和事故隐患，最终导致事故。因此，建章立制是实现“预防为主”的前提条件。

(5) 隐患预防在先。无数案例证明，绝大多数生产安全事故是人为原因造成的，属于责任事故。在一般情况下，大部分事故发生前都有安全隐患，如果事故防范措施周密，从业人员尽职尽责，管理到位，就能够使隐患得到及时消除，可以避免或者减少事故；即使发生事故，也能够减轻人员伤害和经济损失。所以，消除事故隐患、预防事故发生是生产经营单位安全工作的重中之重。

(6) 监督执法在先。各级人民政府安全生产监督管理部门和有关部门强化安全生产监督管理，加大行政执法力度，是预防事故、保证安全的重要条件。安全生产监督管理工作的重点、关口必须前移，放在事前、事中监管上。要通过事前、事中监管，依照法定的安全生产条件，把住“安全准入门槛”，坚决把那些不符合安全生产条件或者不安全因素多、事故隐患严重的生产经营单位排除在“安全准入门槛”之外；要加大日常监督检查和重大危险源监控的力度，重点查处在生产经营过程中发生的且未导致事故的安全生产违法行为，发现事故隐患应当依法采取监管措施或者处罚措施，并且严格追究有关人员的安全责任。

四、我国的消防安全方针

火灾是生产安全事故的主要类型，为了防范火灾事故，保障消防安全，1998 年我国实施的《中华人民共和国消防法》明确了消防安全方针：预防为主，防消结合。“预防”就是要从设备、设施、工艺等本质方面有高性能的防火措施，如用防爆电器、阻燃材料、自动喷淋系统等；“消”就是要有灭火的应急救援措施，如设计上有消防系统和设施，现场配备消防器材和装备，管理上提高应急救援能力，人员掌握逃生技能等。

五、我国的职业病防治方针

2002 年我国实施的《中华人民共和国职业病防治法》明确了职业病防治方针：预防为主，防治结合；实施分类管理，综合治理。“预防为主”就是要在工艺、技术、装备上采取防范措施，有效地控制和防止粉尘、毒气、噪声、放射性物质等危害因素对从业人员造成健康危害；“防治结合”就是在预防的基础上，加强职业病的诊断、治疗和康复工作，减轻职业病带来的痛苦和损害；“分类管理”是指对行业和危险源进行分类监控和管理；“综合治理”就是要采取工程技术、检测检验、个体防护、管理制度、治疗康复等综合性措施，有效防范职业危害，降低职业病发生率。

六、安全生产的任务和目标

安全生产的任务从广义上讲，一是分析生产经营活动过程中存在的各类危险因素，通过采取技术、管理和教育培训的措施，有效防范各类事故的发生，保障生产安全和生命安全；二是制定各种法律、法规和规章制度，消除和控制危害因素，减少和降低职业病的发生率；三是通过生产安全事故的有效预防，保证生产顺利进行和社会经济的发展。

具体地讲，安全生产工作的任务和目标是：

（1）贯彻落实国家安全生产法律法规，落实“安全第一、预防为主”的安全生产方针。

（2）制定安全生产的各种规程、规定和制度，并认真贯彻实施。

（3）积极采取各种安全工程技术措施和管理教育措施，通过综合治理，使企业的生产机械设备和设施达到本质化安全的要求，保障生产作业人员有一个安全可靠的作业环境条件，减少和杜绝各类事故造成的人员伤亡和财产损失。

（4）采取各种保障职业健康措施，不断改善劳动条件和环境，定期检测，防止和消除职业病及职业危害，做好女工和未成年工的特殊保护，保障劳动者的身心健康。

（5）对企业决策层、管理层，以及安全专业人员和特种作业人员及所有职工，进行必要的安全教育，强化安全意识，提高安全素质。

（6）对职工伤亡及生产过程中各类事故进行调查、处理和上报。

（7）推动安全生产科学管理，推广和应用现代化安全管理技术与方法，建立企业现代安全管理制度，持续改进，不断提高安全生产保障能力。

七、事故对社会和家庭的影响

1. 事故影响社会安全稳定

安全生产事关劳动者的基本人权和根本利益。工伤事故和职业病对人民群众生命与健康的威胁长期得不到解决会使广大劳动者感到不满，严重时可能使人民群众对社会制度的优越性，对党为人民服务的宗旨和对改革的目标产生疑虑和动摇。当这些问题积累到一定程度和突然发生震动性事件的时候，有可能成为影响社会安全稳定的因素之一。当人民群众的基本工作条件与生活条件得不到改善，甚至出现尖锐的矛盾时，也会直接影响稳定发展大局。据广东省的有关统计，在日益增多的劳动争议案件中，涉及职业安全健康条件和工伤保险的多达50%。安全生产直接影响到国家的政治经济安全，影响社会的稳定。

2. 事故影响家庭幸福

自1995年以来，我国每年因各类事故死亡人数都维持在10万人以上，而且呈缓慢上升趋势。重特大事故发生的频率有增无减，尤其是一次死亡30人以上甚至上百人以上的恶性事故频频发生。2007年，全国共发生各类伤亡事故总计100万起，平均每天发生2190多起，死亡近11万人，平均每天死亡近300人。每一个伤亡的劳动者都将影响到三个家庭，每年都有几十万个家庭遭遇失去亲人的不幸和痛苦，而且这些劳动者大多是家庭的支柱，事故将给他们的家庭带来沉重的负担，使他们的亲人今后的生活变得异常艰难，甚至使这些家庭支离破碎。

同时，我国职业危害状况严重。据不完全统计，全国有50多万个厂矿存在不同程度的职业危害，实际上接触粉尘、毒物和噪声等职业危害的职工有2500万人以上。也就是说，我国有7000多万个家庭之中存在职业病患者，他们的身体经受着长期病痛的折磨，甚至丧失了劳动能力，他们需要家人长期的照顾，也成为其家庭中沉重的负担。事故的发生严重地影响着劳动者的家庭幸福。

第二节 安全生产教育培训

一、接受安全“三级教育”

“三级教育”制度是安全生产教育培训最基本的制度。“三级教育”是指对于新招收、新调入的职工，以及来厂实习的学生或其他人员，必须进行厂级、车间级、岗位或班组级的安全教育。

1. 厂级安全教育

(1) 讲解安全生产及劳动保护的意义、任务、内容及其重要性，使新入厂的职工树立起“安全第一、预防为主”和“安全生产人人有责”的思想意识。

(2) 介绍企业的安全概况，包括企业安全工作发展历史、企业生产特点、企业设备分布情况（重点介绍接近要害部位、特殊设备的注意事项)、企业安全生产的组织机构、企业的主要安全生产规章制度（如安全生产责任制、安全生产奖惩条例、厂区交通运输安全管理制度、防护用品管理制度，以及防火制度等)。

(3) 介绍企业职工奖惩条例以及企业内设置的各种警告标志和信号装置等。

(4) 介绍企业典型事故案例和教训，抢险、救灾、救人常识以及工伤事故报告程序等。

厂级安全教育一般由企业安技部门负责进行，时间为4~16学时。讲解应和看图片、参观劳动保护教育室结合起来，并发放一本浅显易懂的安全生产手册。

2. 车间安全教育

(1) 介绍车间的概况。如车间生产的产品、工艺流程及其特点，车间人员结构、安全生产组织状况及活动情况，车间危险区域、有毒有害工种情况，车间劳动保护方面的规章制度和对劳动保护用品的穿戴要求和注意事项，车间事故多发部位、原因、特殊规定和安全要求，车间常见事故和对典型事故案例的剖析，车间安全生产中的好人好事，车间文明生产方面的具体做法和要求。

（2）根据车间的特点介绍安全技术基础知识。如冷加工车间的特点是金属切削机床多、电气设备多、起重设备多、运输车辆多、各种油类多、生产人员多和生产场地比较拥挤等，机床旋转速度快、力矩大，要教育工人遵守劳动纪律，穿戴好防护用品，小心衣服、发辫被卷进机器，手被旋转的刀具擦伤；要告诉工人在装夹、检查、拆卸、搬运工件特别是大件时，防止碰伤、压伤、割伤；调整工夹刀具、测量工件、加油以及调整机床速度均须停车进行；擦车时要切断电源，并悬挂警告牌；清扫铁屑时不能用手拉，要用钩子钩；工作场地应保持整洁，道路畅通；装砂轮要恰当，附件要符合规格要求，砂轮表面和托架之间的空隙不可过大，操作时不要用力过猛，站立的位置应与砂轮保持一定的距离和角度，并戴好防护眼镜；加工超长、超高产品，应有安全防护措施等。其他如铸造、锻造和热处理车间、锅炉房、变配电站、危险品仓库、油库等，均应根据各自的特点，对新工人进行安全技术知识教育。

（3）介绍车间防火知识，包括防火的方针，车间易燃易爆品的情况，防火的要害部位及防火的特殊需要，消防用品放置地点，灭火器的性能、使用方法，车间消防组织情况，遇到火险如何处理等。

（4）组织新工人学习安全生产文件和安全操作规程制度，并应教育新工人尊敬师傅，听从指挥，安全生产。

车间安全教育由车间主任或安全技术人员负责，授课时间一般需要4~8学时。

3. 班组安全教育

（1）介绍本班组的生产特点、作业环境、危险区域、设备状况、消防设施等。重点介绍高温、高压、易燃易爆、有毒有害、腐蚀、高空作业等方面可能导致发生事故的危险因素，交代本班组容易出事故的部位和典型事故案例。

(2) 讲解本工种、各岗位的安全操作规程和岗位责任。重点强调思想上应时刻重视安全生产，自觉遵守安全操作规程，不违章作业，爱护和正确使用机器设备和工具；介绍各种安全活动以及作业环境的安全检查和交接班制度；告诉新工人出了事故或发现事故隐患，应及时报告领导，采取措施。

(3) 讲解如何正确使用爱护劳动保护用品和关于文明生产的要求。要强调机床转动时不准戴手套操作，高速切削要戴保护眼镜，女工进入车间戴好工作帽，进入施工现场和登高作业必须戴好安全帽、系好安全带，工作场地要整洁，道路要畅通，物件堆放要整齐等。

(4) 实行安全操作示范。组织重视安全、技术熟练、富有经验的老工人进行安全操作示范，边示范、边讲解，重点讲安全操作要领，说明怎样操作是危险的、怎样操作是安全的、不遵守操作规程将会造成怎样的严重后果。

班组安全教育由班组长或安全员负责，授课时间大致为 2~8 学时。

二、特种作业人员须经培训认证

特种作业是指容易发生人员伤亡事故，对操作者本人、他人及周围设施的安全可能造成重大危害的作业。直接从事特种作业的人员称为特种作业人员。

国家安全生产监督管理局2002年颁发的《关于特种作业人员安全技术培训考核工作的意见》中规定了特种作业的种类。

特种作业及人员范围包括：

(1) 电工作业。含发电工、送电工、变电工、配电工，电气设备的安装工、运行工、检修（维修）工、试验工，矿山井下电钳工。

(2) 金属焊接、切割作业。含焊接工、切割工。

(3) 起重机械（含电梯）作业。含起重机械（含电梯）司机、司索工、信号指挥工、安装与维修工。

(4) 企业内机动车辆驾驶。含在企业内及码头、货场等生产作业区域和施工现场行驶的各类机动车辆的驾驶人员。

(5) 登高架设作业。含 2m 以上登高架设工、拆除工、维修工，高层建（构）筑物表面清洗工。

(6) 锅炉作业（含水质化验）。含承压锅炉的操作工、锅炉水质化验工。

(7) 压力容器作业。含压力容器罐装工、检验工、运输押运工、大型空气压缩机操作工。

(8) 制冷作业。含制冷设备安装工、操作工、维修工。

(9) 爆破作业。含地面工程爆破工、井下爆破工。

(10) 矿山通风作业。含主要通风机操作工、瓦斯抽放工、通风安全监测工、测风测尘工。

(11) 矿山排水作业。含矿井主排水泵工、尾矿坝作业工。

(12) 矿山安全检查作业。含安全检查工、瓦斯检验工、电气设备防爆检查工。

(13) 矿山提升运输作业。含主提升机操作工、（上、下山）绞车操作工、固定带式输送机操作工、信号工、拥罐（把钩）工。

(14) 采掘（剥）作业。含采煤机司机、掘进机司机、耙斗装载机司机、凿岩机司机。

(15) 矿山救护作业。

(16) 危险物品作业。含危险化学品、民用爆炸品、放射性物品的操作工、运输押运工、储存保管员。

(17) 经国家安全生产监督管理局（国家煤矿安全监察局）批准的其他作业。

特种作业人员在劳动生产过程中担负着特殊任务，所承担的风险较大，一旦发生事故，便会对企业生产、职工生命安全造成较大损失。因此，对特种作业人员必须坚持进行专门的安全技术知识教育和安全操作技术训练，并经严格的考试。考试合格并取得特种作业操作证者，方可上岗工作。这是企业安全教育的一项重要制度，是保证安全生产、防止重大伤亡事故的重要措施。

第三节　提高员工安全素质

一、加强员工安全意识

1. 不接受违章指挥

违章指挥主要是就企业生产领导而言，如下指挥或管理做法都属违章指挥：不遵守安全生产规程、制度和安全技术措施或擅自更改安全工艺和操作程序；指挥者未经培训上岗，使用无“做工证”或无专门资质认证的人员；指挥工人在安全防护设施、设备有缺陷，隐患未解决的条件下冒险进行作业；发现违章不制止等。

为了国家、企业和个人，每一个员工都应有自我保护的意识，其中重要的一点就是不接受违章指挥。

2. 不违章作业

违章作业主要是就现场操作的员工而言，如下行为都属违章作业：不遵守施工现场的安全制度，进入施工现场不戴安全帽，高处作业不系安全带和不正确使用个人防护用品；擅自动用机械、电气设备或拆改挪动设施、设备；随意爬脚手架和高空支架，等等。

总之，违反了劳动生产岗位的安全规章和制度的作业行为都是违章作业表现。克服违章作业现象，是安全生产、防范事故的最基本要求。

3. 不违反劳动纪律

不同行业制定的安全生产工作条例，都对劳动纪律作出了严格、明确的规定，如果在生产工作中违反了有关劳动纪律的规定，并导致不良后果，就会受到应有的处罚。例如，建设部颁发的《国营建筑施工企业安全生产工作条例》中对建筑施工的劳动纪律作出了如下规定：要热爱本职工作，努力学习，提高政治文化、业务水平和操作技能，积极参加安全生产各种活动；遵守劳动纪律，服从领导，坚守岗位，未经许可不得从事非本工种作业，严禁酒后上班，不得在禁止烟火的地方吸烟动火；按照作业要求正确穿戴个人防护用品；在施工现场行走要注意安全，不得攀登脚手架、井字架、龙门架和随吊盘上下；对各种防护装置、防护设施和警告、安全标志等不得任意拆除和随意挪动，等等。

违反劳动纪律，意味着接受事故、走近死亡，因此，每一个员工要有遵章守纪的自我约束意识。

二、培养健康的安全心理

1. 引发事故的心理因素

通过对事故原因的分析，可以判断产生不安全行为的个性根据。企业管理人员应掌握事故的心理学知识，这对提高预防事故的管理水平有帮助。

安全管理心理学与分析事故原因的关系有三个相互联系的内容：

一是安全工程师所关心的几种不安全行为，称为已经知道的不安全行为，即有意违反安全规程；无意违反安全规程；破坏或错误地调整安全设备；放纵地喧闹、玩笑、分散了他人的注意力；安全操作能力低，工作缺乏技巧；与人争吵，心境下降；匆忙的行动，行动草率过速或行动缓慢；无人道感，不顾他人；超负荷工作，力不胜任。

二是可能成为直接的人为的事故原因：没有经验，不能查知事故危险；缓慢的心理反应和心理上的缺陷；各器官缺乏协调；疲倦，身体不适；找工作“窍门”，发现不安全的方法便当做捷径；注意力不集中，心不在焉；职业、工种选择不当；夸耀心，贪大求全。

三是心理上的主要原因：激情，冲动，喜冒险；训练、教育不够，无上进心；智能低，无耐心，缺乏自卫心，无安全感；涉及家庭原因，心境不好；恐惧，顽固，报复或身心缺陷；工作单调，或单调的业余生活；轻率，嫉妒；未受重用，身受挫折，心绪不佳；自卑感，或冒险逞能，渴望超群；受到批评，心有余悸。

2. 事故发生前的心理分析

事故发生前，人在行动起点上的心理大致有五方面的因素：素质癖性；无知，智能低；无意，缺乏注意力；被外界吸引，心不在焉，工作掉以轻心；抑郁消沉。

3. 性格与事故的关系

性格是一个人较稳定的对现实的态度和与之相应的习惯化的行为方式。如大公无私、勤劳、勇敢、自私、懒惰、沉默、懦弱、诚实、虚伪等都是性格的表现。人的性格是在一个人生理素质的基础上，在社会实践活动中逐步形成的。由于每个人所处的具体环境和教育条件的不同，他所形成的性格具有不同的特征。

心理学家认为，外倾性格的人反应迅速，精力充沛，适应性强，但好逞强，爱发脾气，受到外界影响时，情绪波动大，做事不够仔细；内倾性格的人善于思考，动作稳当，但反应迟缓，感情不易外露，做事仔细小心，对外界影响情绪波动小。

4. 情感与事故的关系

人在认识客观事物时，不是无动于衷的，他们对所认识的事物往往会抱着各种各样的态度。如有些事物使人喜悦，有些事物令人愤怒，有些事物使人哀伤，有些事物令人快乐。这种对事物的喜、怒、哀、乐就是人的情感。情感是人对客观事物与个体的需要之间关系的反映。行为科学认为对人要从情感上激励。在社会主义企业中，职工是企业的主人，激励职工的主人翁责任感，是安全管理人员的重要手段。在安全管理中，过去的做法说教甚多，惩处严，而激发鼓励则少。

5. 事故心理预测

搞好劳动保护工作的宗旨，就是要减少和控制事故的发生，促进社会主义生产顺利健康的发展。但是，具体地减少事故和预防事故还有赖于制定科学的对策。没有关于造成事故的科学预测，要制定科学对策就缺少充分的科学依据。只有科学的预测，才能使我们远见卓识，有备无患，由消极被动变积极主动。为了更好地防止事故，除了对事故的发生有预测的必要以外，也可以探索一些预测的方法。预测的方法大致有这样 3 种：直观型预测、因素分析型预测和指数评估型预测。

6. 事故心理的预防

造成事故心理的预防就是要通过消除造成事故的可能，以达到保证安全生产的目的。在事故的预防上排除设备等“机”的因素，重点讨论引起事故的“人”的心理因素，使进行造成事故预防有其可能性和科学依据。

7. 事故心理结构分析

人的心理包括极其广泛的内容：从感觉、知觉、记忆、想象到思维，从情绪、感情到意志，从兴趣、习惯、能力、气质到性格个性，等等。事故的心理因素是对由于影响和导致一个人行为而发生事故的心理状态和成分的总称。导致事故的心理虽然不如人的全部心理那样广泛，但仍然有相当复杂的内容，而且其中各种因素之间又是相互联系、依存、相互矛盾、制约的。在研究人的导致事故心理过程中，发现影响和导致一个人发生事故行为的种种心理因素，不仅内容多，而且最主要的是各种因素之间存在着复杂而有机的联系。它们常常是有层次的，互相依存，互相制约，辩证地起作用。为了便于研究，人们把影响和导致一个人发生事故行为的种种心理因素假设为事故的心理结构。

根据事故模型可看出，在研究引起事故发生的原因时，首先要考虑造成事故者的心理动态，分析事故心理结构及其对行为的影响和支配作用，从而可以弄清事故心理结构和其事故行为的因果关系；在研究事故的预测问题时，首先应着重于研究造成事故的心理预测，实际上就是通过对造成事故心理的调查研究，统计、分析从而实现在生产过程中进行事故心理预测。造成事故的心理结构+事故机遇—导致事故的行为发生—事故。

8. 事故心理结构的要素

在生产过程中，发生工伤事故的因素很多，而造成事故者的心理状态常常是导致事故主要的，甚至是直接的因素。造成事故的心理结构复杂多样，我们在进行事故心理结构设计时，不可能把所有的事故心理因素列出，为便于研究，现归纳为十大心理要素：A——侥幸心理；B——麻痹心理；C——偷懒心理；D——逞能心理；E——莽撞心理；F——心急心理；G——烦躁心理；H——粗心心理；I——自满心理；J——好奇心理。

三、养成良好的安全行为与习惯

不断重复正确的动作，最终养成良好的习惯。良好的安全行为文化就是将安全环保的被动方式变成一种主动和习惯。这种源自文化层面产生的力量和自我约束力，正是我们安全文化建设的归宿。也只有发自内心和自觉的安全行为文化，才是安全文化建设的最高境界。

抓安全行为文化建设必须把培养员工良好行为当作基础性的工作，并提到重要位置来抓。建设安全行为文化，处在第一位的是严，要不放过任何一个细小的违规行为，不允许任何人在规章面前搞特殊，严格执行技术标准、操作规程必须丝毫不走样，只有通过严格、严谨、严肃的安全生产氛围才能使员工逐步养成自觉而规范的行为习惯。

第二章　员工安全生产法律保障

第一节　国家法律对安全生产的保障

一、《安全生产法》明确的员工安全生产权利

《安全生产法》规定了各类从业人员必须享有的、有关安全生产和人身安全的最重要和最基本的权利，这些基本安全生产权利可以概括为以下5项：

1. 获得安全保障、工伤保险和民事赔偿的权利

《安全生产法》明确赋予了从业人员享有和获得伤亡赔偿的权利，同时规定了生产经营单位的相关义务。《安全生产法》第四十四条规定："生产经营单位与从业人员订立的劳动合同，应当载明有关保障从业人员劳动安全、防止职业危害的事项，以及依法为从业人员办理工伤社会保险的事项。生产经营单位不得以任何形式与从业人员订立协议，免除或者减轻其对从业人员因生产安全事故伤亡依法应当承担的责任。"第四十八条规定："因生产安全事故受到损害的从业人员，除依法享有工伤社会保险外，依照有关民事法律尚有获得赔偿的权利的，有权向本单位提出赔偿要求。"第四十三条规定："生产经营单位必须依法参加工伤社会保险，为从业人员缴纳保险费。"此外，法律还对生产经营单位与从业人员订立协议，免除或者减轻其对从业人员因生产安全事故伤亡依法应承担的责任的，规定该协议无效，并对生产经营单位主要负责人、个人经营的投资人处以2万元以上10万元以下的罚款。《安全生产法》

的有关规定，明确了以下 4 个问题：

（1）从业人员依法享有工伤保险和伤亡赔偿的权利。法律规定这项权利以劳动合同必要条款的书面形式加以确认。

（2）依法为从业人员缴纳工伤社会保险费和给予民事赔偿，是生产经营单位的法律义务。生产经营单位不得以任何形式免除该项义务，不得变相以抵押金、担保金等名义强制从业人员缴纳工伤社会保险费。

（3）发生生产安全事故后，从业人员首先依照劳动合同和工伤社会保险合同的约定，享有相应的赔付金。如果工伤保险金不足以补偿受害者的人身损害及经济损失的，依照有关民事法律应当给予赔偿的，从业人员或其亲属有权要求生产经营单位给予赔偿，生产经营单位必须履行相应的赔偿义务。否则，受害者或其亲属有权向人民法院起诉和申请强制执行。

（4）从业人员获得工伤社会保险赔付和民事赔偿的金额标准、领取和支付程序，必须符合法律、法规和国家的有关规定。从业人员和生产经营单位均不得自行确定标准，不得非法提高或者降低标准。

《安全生产法》的上述规定主要针对大量存在的“生死合同”，赋予了从业人员必要的法定权利，具有可操作性和不可侵犯性。所谓的“生死合同”，实际就是私营企业老板利用法律不够健全和从业人员的无知和无奈，逃避因事故造成的从业人员伤亡的经济赔偿责任。《安全生产法》从法律上确定了“生死合同”的非法性，并规定了相应的法律责任，这就为从业人员的合法权利提供了法律保障，为监督管理和行政执法提供了明确的法律依据。

2. 得知危险因素、防范措施和事故应急措施的权利

生产经营单位特别是从事矿山、建筑、危险物品的生产经营单位，往往存在着一些对从业人员生命和健康有危险、危害的因素，直接接触这些危险因素的从业人员往往是生产安全事故的直接受害

者。所以，《安全生产法》规定，生产经营单位从业人员有权了解其作业场所和工作岗位存在的危险因素及事故应急措施。要保证从业人员这项权利的行使，生产经营单位就有义务事前告知有关危险因素和事故应急措施。否则，生产经营单位就侵犯了从业人员的权利，并对由此产生的后果承担相应的法律责任。

3. 对本单位安全生产的批评、检举和控告的权利

从业人员是生产经营单位的主人，他们对安全生产情况尤其是安全管理中的问题和事故隐患最了解、最熟悉，具有他人不能替代的作用。只有依靠他们并且赋予他们必要的安全生产监督权和自我保护权，才能做到预防为主，防患于未然，才能保障他们的人身安全和健康。一些生产经营单位的主要负责人不重视安全生产，对安全问题熟视无睹，不听取从业人员的正确意见和建议，使本来可以发现及时处理的事故隐患不断扩大，导致事故和人员伤亡；有的竟然对批评、检举、控告生产经营单位安全生产问题的从业人员进行打击报复。《安全生产法》针对某些生产经营单位存在的不重视甚至剥夺从业人员对安全管理监督权利的问题，规定从业人员有权对本单位的安全生产工作提出建议，有权对本单位安全生产工作中存在的问题提出批评、检举和控告。

4. 拒绝违章指挥和强令冒险作业的权利

在生产经营单位经常出现企业负责人或者管理人员违章指挥和强令从业人员冒险作业的现象，由此导致事故，造成大量人员伤亡。因此，法律赋予从业人员拒绝违章指挥和强令冒险作业的权利，不仅是为了保护从业人员的人身安全，也是为了警示生产经营单位负责人和管理人员必须照章指挥，保证安全，并不得因从业人员拒绝违章指挥和强令冒险作业而对其进行打击报复。《安全生产法》第四十六条规定："生产经营单位不得因从业人员对本单位安全生产工作提出批评、检举、控告或者拒绝违章指挥、强令冒险作业而降低其工资、福利等待遇或者解除与其订立的劳动合同。"

5. 紧急情况下停止作业和紧急撤离的权利

由于生产经营场所存在不可避免的自然和人为的危险因素，这些因素可能会对从业人员造成人身伤害。比如从事矿山、建筑、危险物品生产作业的从业人员，一旦发现将要发生透水，瓦斯爆炸，煤与瓦斯突出，冒顶、片帮，坠落、倒塌，危险物品泄漏、燃烧、爆炸等紧急情况并且无法避免时，最大限度地保护现场作业人员的生命安全是第一位的，法律赋予他们享有停止作业和紧急撤离的权利。《安全生产法》第四十七条规定："从业人员发现直接危及人身安全的紧急情况时，有权停止作业或者在采取可能的应急措施后撤离作业场所。生产经营单位不得因从业人员在前款紧急情况下停止作业或者采取紧急撤离措施而降低其工资、福利等待遇或者解除与其订立的劳动合同。"

从业人员在行使这项权利的时候，必须明确四点：一是危及从业人员人身安全的紧急情况必须有确实可靠的直接根据。二是紧急情况必须直接危及人身安全，间接或者可能危及人身安全的情况不应撤离，而应采取有效的处理措施。三是出现危及人身安全的紧急情况时，首先是停止作业，然后要采取可能的应急措施，采取应急措施无效时，再撤离作业场所。四是该项权利不适用于某些从事特殊职业的从业人员，比如飞行人员、船舶驾驶人员、车辆驾驶人员等，根据有关法律、国际公约和职业惯例，在发生危及人身安全的紧急情况下，他们不能先行撤离从业场所或者岗位。

二、《安全生产法》明确的员工安全生产义务

《安全生产法》不但赋予了从业人员享有安全生产权利，也设定了相应的法定义务。作为法律关系内容的权利与义务是对等的。没有无权利的义务，也没有无义务的权利。从业人员依法享有权利，同时必须承担相应的法律义务和法律责任。

1. 遵章守纪、服从管理的义务

《安全生产法》第四十九条规定，“从业人员在从业过程中，应当严格遵守本单位的安全生产规章制度和操作规程，服从管理，正确佩戴和使用劳动防护用品。”根据《安全生产法》和其他有关法律、法规和规章，生产经营单位必须制定本单位安全生产的规章制度和操作规程。从业人员必须严格遵守这些规章制度和操作规程。安全生产规章制度和操作规程是从业人员从事生产经营、确保安全的具体规范和依据。遵守规章制度和操作规程，实际上就是依法进行安全生产。事实表明，从业人员违反规章制度和操作规程，是导致生产安全事故的主要原因。生产经营单位的负责人和管理人员有权依照规章制度和操作规程进行安全管理，监督检查从业人员遵章守规的情况。对这些安全生产管理措施，从业人员必须接受并服从管理。依照法律规定，生产经营单位的从业人员不服从管理，违反安全生产规章制度和操作规程的，由生产经营单位给予批评教育，依照有关规章制度给予处分；造成重大事故，构成犯罪的，依照刑法有关规定追究刑事责任。

2. 正确佩戴和使用劳动防护用品的义务

《安全生产法》第三十七条的规定，为保障人身安全，“生产经营单位必须为从业人员提供符合国家标准或者行业标准的劳动保护用品，并监督、教育从业人员按照使用规则佩戴、使用。”因此，生产经营单位必须为从业人员提供必要的、安全的劳动防护用品，以避免或者减轻事故造成的人身伤害。《安全生产法》第四十九条规定从业人员应当正确佩戴和使用劳动防护用品，但实践中由于一些从业人员缺乏安全知识，认为佩戴和使用劳动防护用品没有必要，往往不按规定佩戴或者不能正确佩戴和使用劳动防护用品，由此引发的人身伤害时有发生，造成不必要的伤亡。比如煤矿矿工下井作业时必须佩戴矿灯用于照明，从事高空作业的工人必须佩戴安全带以防坠落，等等。另外，有的从业人员虽然佩戴和使用劳动防护用品，但由于不会或者没有正确使用而发生人身伤害。因此，正确佩戴和使用劳动防护用品是从业人员必须履行的法定义务，这是保障从业人员人身安全和生产经营单位安全生产的需要。从业人员不履行该项义务而造成人身伤害的，生产经营单位不承担法律责任。

3. 接受安全培训、掌握安全生产技能的义务

不同行业、不同生产经营单位、不同工作岗位和不同的生产经营设施、设备具有不同的安全技术特性和要求。随着生产经营领域的不断扩大和高新安全技术装备的大量使用，生产经营单位对从业人员的安全素质要求越来越高。从业人员的安全生产意识和安全技能的高低，直接关系到生产经营活动的安全可靠性。特别是从事矿山、建筑、危险物品生产作业和使用高科技安全技术装备的从业人员，更需要具有系统的安全知识，熟练的安全生产技能，以及对不安全因素和事故隐患、突发事故的预防、处理能力和经验。要适应生产经营活动对安全生产技术知识和能力的需要，必须对新招聘、转岗的从业人员进行专门的安全生产教育和业务培训。许多国有和大型企业一般比较重视安全培训工作，从业人员的安全素质比较高。但是许多非国有和中小企业不重视、不搞安全培训，企业的从业人员没有经过专门的安全生产培训，其中部分从业人员不具备应有的安全素质，因此违章违规操作、酿成事故的事例比比皆是。为了明确从业人员接受培训、提高安全素质的法定义务，《安全生产法》第五十条规定："从业人员应当接受安全生产教育和培训，掌握本职工作所需的安全生产知识，提高安全生产技能，增强事故预防和应急处理能力。"这对提高生产经营单位从业人员的安全意识、安全技能，预防、减少事故和人员伤亡，具有积极意义。

4. 发现事故隐患或者其他不安全因素及时报告的义务

从业人员直接进行生产经营作业，他们是事故隐患和不安全因素的第一当事人。许多生产安全事故是由于从业人员在作业现场发现事故隐患和不安全因素后没有及时报告，以致延误了采取措施进

行紧急处理的时机而导致的。如果从业人员尽职尽责，及时发现并报告事故隐患和不安全因素，并及时有效地处理，完全可以避免事故的发生和降低事故的损失。发现事故隐患并及时报告是贯彻预防为主的方针，加强事前防范的重要措施。为此，《安全生产法》第五十一条规定："从业人员发现事故隐患或者其他不安全因素，应当立即向现场安全生产管理人员或者本单位负责人报告；接到报告的人员应当及时予以处理。"这就要求从业人员必须具有高度的责任心，防微杜渐，防患于未然，及时发现事故隐患和不安全因素，预防事故发生。

三、《职业病防治法》明确的员工职业病权利

为了预防、控制和消除职业病危害，防治职业病，保护劳动者健康及其相关权益，促进经济发展，2001 年 10 月 27 日九届全国人大常委会第二十四次会议通过了《中华人民共和国职业病防治法》（以下简称《职业病防治法》），并于 2002 年 5 月 1 日正式施行。《职业病防治法》规定，劳动者享有以下职业卫生保护权利：

（1）获得职业卫生教育、培训；

（2）获得职业健康检查、职业病诊疗、康复等职业病防治保护；

（3）了解工作场所产生或者可能产生的职业病危害因素、危害后果和应当采取的职业病防护措施；

（4）要求用人单位提供符合防治职业病要求的职业病防护设施和个人使用的职业病防护用品，改善工作条件；

（5）对违反职业病防治法律、法规以及危及生命健康的行为提出批评、检举和控告；

（6）拒绝违章指挥和强令进行的没有职业病防护措施的作业；

（7）参与用人单位职业卫生工作的民主管理，对职业病防治工作提出意见。

职业病病人依法享受国家规定的职业病待遇。用人单位应当按照国家有关规定，安排职业病病人进行治疗、康复和定期检查，对不适宜继续从事原工作的职业病病人，应当调离原岗位，并妥善安置。对从事接触职业病危害的作业的劳动者，应当给予适当岗位津贴。职业病病人的诊疗、康复费用，伤残以及丧失劳动能力的职业病病人的社会保障，应按照国家有关工伤社会保险的规定执行。职业病病人除依法享有工伤社会保险外，依照有关民事法律，尚有获得赔偿的权利的，有权向用人单位提出赔偿要求。职业病病人变动工作单位，其依法享有的待遇不变。

四、《职业病防治法》明确的用人单位职业病防治义务

《职业病防治法》于2002年5月1日正式实施，其中为防治职业病的发生，规定了用人单位的10项基础义务：配备防护设施、治理职业危害（“三同时”）；作业场所风险评价与管理；劳动者健康监护（上岗前、在岗中、离岗时）；危险及危害告知（合同、作用场所、培训教育）；建立危害监测和劳动者健康档案；事故及职业病报告义务；对工伤人员及职业病者的救治、安置；依法参加工伤保险；落实职业危害治理和安全措施经费；未成年工、女工保护。

（1）生产经营单位应当为劳动者创造符合国家职业卫生标准和卫生要求的工作环境和条件，并采取措施保障劳动者获得职业卫生保护。

（2）职业病防治责任制。《职业病防治法》第五条规定，用人单位应当建立、健全职业病防治责任制，加强对职业病防治的管理，提高职业病防治水平，对本单位产生的职业病危害承担责任。

（3）工伤社会保险。《职业病防治法》第六条规定，用人单位必须依法参加工伤社会保险。

第二节　员工工伤保障政策

一、工伤认定标准及范畴

2003 年 4 月 27 日国务院第 375 号令公布《工伤保险条例》，自 2004 年 1 月 1 日起施行。《工伤保险条例》的立法目的是为了保障因工作遭受事故伤害或者患职业病的职工获得医疗救治和经济补偿，促进工伤预防和职业康复，分散用人单位的工伤风险。

工伤保险亦称职业伤害保险，是国家通过立法手段保证实施的一种社会福利制度。其补偿内容包括对伤残职工的医疗救治、经济补偿、职业康复训练和对工伤死亡者遗属的经济补贴等。作为社会保险制度体系的一个重要组成部分，工伤保险对于分散事故风险，保障因工伤事故或职业病而伤、残、亡的职工及其供养直系亲属的基本生活，促进企业安全生产和维护社会安定都发挥着极其重要的作用。工伤保险是包含工伤津贴、工伤医疗、职业康复、伤残抚恤和遗属抚恤等多项内容的险种，同时，它又是技术性最强的社会保险项目，需要制定一系列技术标准，包括工伤和职业病认定标准、医疗护理标准、工伤津贴标准、致残程度评定标准、伤残抚恤标准和遗属抚恤标准。

1. 工伤保险的适用范围

工伤保险是法定的强制性社会保险，是通过对受害人实施医疗救治和给予必要的经济补偿以保障其经济权利的补救措施。从根本上说，它是由政府监管、社保机构经办的社会保障制度。享有工伤保险权利的主体只限于企业的职工或者雇工，其他人员不能享有这项权利。如果在企业发生生产安全事故时对职工或者雇工以及其他人造成伤害时，只有本企业的职工或者雇工可以得到工伤保险补偿，而受到事故伤害的其他人则不能享有这项权利。所以，工伤保险补偿权利的权利主体是特定的。

按照国际惯例和我国法律，工伤保险补偿实行“无责任补偿”即无过错补偿原则，这是基于职业风险理论确立的。该理论从最大限度地保护职工权益的理念出发，认为职业伤害不可避免，职工无法抗拒，不能以受害人是否负有责任来决定是否补偿，只要因公受到伤害就应补偿。基于这种理论，工伤保险不强调造成工伤的原因、过错及其责任，只要确认职工是在法定情形下发生工伤，就依法享有获得经济补偿的权利。

按照无责任补偿原则，工伤补偿风险的第一承担者本应是企业或者业主，但是工伤保险是以社会共济方式确定补偿风险承担者，因此不需要企业或者业主直接负责补偿，而是将补偿风险转由社保机构承担，由社保机构负责支付工伤保险补偿金。只要企业或者业主依法足额缴纳了工伤保险费，那么工伤补偿的责任就要由社保机构承担。工伤保险实际上是一种转移工伤补偿的风险和责任的社会共济方式。

《工伤保险条例》第二条规定：“中华人民共和国境内的各类企业、有雇工的个体工商户（以下称用人单位）应当依照本条例规定参加工伤保险，为本单位全部职工或者雇工（以下称职工）缴纳工伤保险费。中华人民共和国境内的各类企业的职工和个体工商户的雇工，均有依照本条例的规定享受工伤保险待遇的权利。”

工伤保险适用于中华人民共和国境内各类企业和有雇工的个体工商户从事生产经营的场所及其相关场所。工伤保险的主体中的各类企业不仅包括中国企业，也包括外国在华开办的“三资企业”。凡是在工作时间和工作场所内工作、从事与本职工作及其有关的其他工作时受到事故伤害、意外伤害，因公外出受到伤害和上下班途中受到机动车伤害以及患职业病的全体职工和雇工，依法享有获得工伤保险补偿的权利。工伤保险适用的地域范围只限于因公活动所及的场所，超出这些场所的范围所受到的人身伤害，不属于工伤保险的范围。譬如职工在与本职工作无关的公共场所受到的伤害，就不能享受工伤保险补偿。

2. 工伤认定范围

在判定遭遇人身伤害的职工能否享受工伤保险待遇时，首先要对其进行资格认定。

《工伤保险条例》第十四条规定，“职工有下列情形之一的，应当认定为工伤：

（1）在工作时间和工作场所内，因工作原因受到事故伤害的；

（2）工作时间前后在工作场所内，从事与工作有关的预备性或者收尾性工作受到事故伤害的；

（3）在工作时间和工作场所内，因履行工作职责受到暴力等意外伤害的；

（4）患职业病的；

（5）因工外出期间，由于工作原因受到伤害或者发生事故下落不明的；

（6）在上下班途中，受到机动车事故伤害的；

（7）法律、行政法规规定应当认定为工伤的其他情形。”

《工伤保险条例》第十五条规定：“职工有下列情形之一的，视同工伤：

（1）在工作时间和工作岗位，突发疾病死亡或者48小时之内经抢救无效死亡的；

（2）在抢险救灾等维护国家利益、公共利益活动中受到伤害的；

（3）职工原在军队服役，因战、因公负伤致残，已取得革命伤残军人证，到用人单位后旧伤复发的。

职工有前款第一项、第二项情形的，按照本条例的有关规定享受工伤保险待遇；职工有前款第三项情形的，按照本条例的有关规定享受一次性伤残补助金以外的工伤保险待遇。”

《工伤保险条例》规定，因犯罪或者违反治安管理伤亡的、醉酒导致伤亡的、自残或者自杀等情形，不得认定为工伤或者视同工伤。

二、工伤认定方式

职工发生事故伤害或者按职业病防治法规定被诊断、鉴定为职业病，所在单位应当自事故伤害之日起或者被诊断、鉴定为职业病之日起30日内，向统筹地区劳动保障行政部门提出工伤认定申请。遇有特殊情况，经报劳动保障行政部门同意，申请时限可以适当延长。用人单位未按上述规定提出工伤认定申请的，工伤职工或者其直系亲属、工会组织在事故伤害发生之日或者被诊断、鉴定为职业病之日起1年内，可以直接向用人单位所在地统筹地区劳动保障行政部门提出工伤认定申请。

提出工伤认定申请，应当提交工伤认定申请表、与用人单位存在劳动关系（包括事实劳动关系）的证明材料、医疗诊断证明或者职业病诊断证明（鉴定）书等材料。工伤认定申请表应当包括事故发生的时间、地点、原因以及职工伤害程度等基本情况。劳动保障行政部门应当自受理工伤认定申请之日起60日内作出工伤认定的决定，并书面通知申请工伤认定的职工或者其直系亲属和该职工的所在单位。

《工伤保险条例》第二十一条规定："职工发生工伤，经治疗伤情相对稳定后存在残疾、影响劳动能力的，应当进行劳动能力鉴定。"劳动能力鉴定是指利用医学的办法和依据鉴定标准，对伤病劳动者的伤、病、残程度及其劳动能力进行诊断和鉴定的活动。劳动能力鉴定是劳动和社会保障行政部门的一项重要工作，是确定工伤保险待遇的基础。劳动功能障碍分为10个伤残等级，鉴定标准由国务院劳动保障行政部门会同国务院卫生行政部门等有关部门制定。

三、工亡政策待遇

因工死亡的，工伤保险机构支付其亲属丧葬补助金、供养亲属抚恤金和一次性工亡补助金。

丧葬补助金按统筹地区上年度职工月平均工资6个月标准计发。

供养亲属抚恤金按照因工死亡职工本人生前工资的一定比例计发，标准为：配偶每月40%，其他亲属每人每月30%，孤寡老人或者孤儿每人每月在上述标准的基础上增发10%。但是在初次核定时，各供养亲属的抚恤金之和不得高于工亡职工的本人工资。在以后调整供养亲属抚恤金时，不受此限制。

一次性工亡补助金按统筹地区上年度职工月平均工资的48个月至60个月标准发给。具体标准由统筹地区政府根据当地经济、社会发展状况规定。

供养亲属是指由因工死亡职工生前提供主要生活来源、无劳动能力的亲属，具体范围由国务院劳动保障行政部门规定。工伤职工被鉴定为一级至四级伤残以后死亡的，包括因非工伤疾病导致的死亡，可以享受统筹地区上年度职工月平均工资6个月标准的丧葬补助金和供养亲属抚恤金。

四、伤害及职业病政策待遇

1. 工伤医疗待遇

《工伤保险条例》规定，职工因工作受到事故伤害或者患职业病进行治疗，享受工伤医疗待遇。职工治疗工伤应当在签订服务协议的医疗机构就医，情况紧急时可以先到就近的医疗机构急救。治疗工伤所需费用符合工伤保险诊疗项目目录、工伤保险药品目录、工伤保险住院服务标准的，从工伤保险基金支付。职工住院治疗工伤的，由所在单位按照本单位因公出差伙食补助标准的70%发给住院伙食补助费；经医疗机构出具证明，报经办机构同意，工伤职工到统筹地区以外就医的，所需交通、食宿费用由所在单位按照本单位职工因公出差标准报销。工伤职工到签订服务协议的医疗机构进行康复性治疗的费用，符合《工伤保险条例》第二十九条第三款规定的，从工伤保险基金支付。

2. 工伤津贴待遇

职工因工负伤或患职业病需要停止工作接受治疗的，实行工伤医疗期待遇。工伤医疗期是指职工因工负伤或患职业病需要停止工作接受治疗和领取工伤津贴的期限，其时间长短由指定治疗工伤的医院或医疗机构提出意见，一般为12个月；严重工伤或职业病的受害者需要继续医疗的，可延长至24个月。

工伤职工在工伤医疗期内停发工资，改为按月发放工伤津贴。其标准相当于工伤职工本人受伤前12个月内平均工资收入。工伤医疗期满或者评定伤残等级后，将被停发工伤津贴，改为享受伤残待遇。

3. 伤残待遇

工伤医疗期满或者评定伤残等级后的工伤职工，停止领取工伤津贴而转为享受伤残待遇。伤残待遇包括伤残抚恤金、工伤护理费、在职伤残补助金和职工康复待遇。

《职工工伤与职业病致残程度鉴定》（GB/T 16180—1996）规定，将伤残一级至四级、五级至六级、七级至十级分别划分为完全丧失劳动能力、大部分丧失劳动能力、部分丧失劳动能力3个部分。这10个等级3个部分是根据客观伤残程度和社会心理因素等综合评判划分的，用来确定伤残待遇水平。

职工因工致残被鉴定为一级至四级伤残的，保留劳动关系，退出工作岗位，享受以下待遇：从工伤保险基金按伤残等级支付一次性伤残补助金，标准为：一级伤残为24个月的本人工资，二级伤残为22个月的本人工资，三级伤残为20个月的本人工资，四级伤残为 18 个月的本人工资；从工伤保险基金按月支付伤残津贴，标准为：一级伤残为本人工资的 90%，二级伤残为本人工资的 85%，三级伤残为本人工资的 80%，四级伤残为本人工资的 75%。伤残津贴实际金额低于当地最低工资标准的，由工伤保险基金补足差额；工伤职工达到退休年龄并办理退休手续后，停发伤残津贴，享受基本养老保险待遇。基本养老保险待遇低于伤残津贴的，由工伤保险基金补足差额。

职工因工致残被鉴定为一级至四级伤残的，由用人单位和职工个人以伤残津贴为基数，缴纳基本医疗保险费。

职工因工致残被鉴定为五级至六级伤残的享受以下待遇：从工伤保险基金按伤残等级支付一次性伤残补助金，标准为：五级伤残为 16 个月的本人工资，六级伤残为 14 个月的本人工资，保留与用人单位的劳动关系，由用人单位安排适当工作；难以安排工作的，由用人单位按月发给伤残津贴，标准为：五级伤残为本人工资的 70%，六级伤残为本人工资的 60%，并由用人单位按照规定为其缴纳各项社会保险费。伤残津贴实际金额低于当地最低工资标准的，由用人单位补足差额。

经工伤职工本人提出，该职工可以与用人单位解除或者终止劳动关系，由用人单位支付一次性工伤医疗补助金和伤残就业补助金。具体标准由省、自治区、直辖市人民政府规定。

职工因工致残被鉴定为七级至十级伤残的，享受以下待遇：从工伤保险基金按伤残等级支付一次性伤残补助金，标准为：七级伤残为 12 个月的本人工资，八级伤残为 10 个月的本人工资，九级伤残为 8 个月的本人工资，十级伤残为 6 个月的本人工资，劳动合同期满终止，或者职工本人提出解除劳动合同的，由用人单位支付一次性工伤医疗补助金和伤残就业补助金。具体标准由省、自治区、直辖市人民政府规定。

工伤职工经评残并确认需要护理的，应当按月发给护理费。护理费依照全部、大部分和部分护理，依3个不同的护理等级（根据进食、翻身、大小便、穿衣及洗漱、自我移动的完成情况区分所得），分别按上年度当地职工月平均工资的50%，40%和30%发给。

职工因工致残被鉴定为五级至十级伤残的，原则上由企业安排适当的工作。因伤残造成本人工资降低时，由所在单位发给在职伤残补助金，标准为工资降低部分的90%。本人技能提高而晋升工资时，在职伤残补助金予以保留。

因工负伤医疗终结后为伤残，因日常生活或者辅助生产劳动需要，必须安装假肢、假眼、假牙和配置轮椅等辅助器具的，由企业按国内普及型标准报销费用。

因工伤残部分丧失劳动能力的职工，原单位有责任安排其从事力所能及的工作。因工负伤或经鉴定确认为职业病患者的劳动合同制职工和私营企业雇员，企业不得解除其劳动合同。

4. 职业病待遇

职业病病人依法享受国家规定的职业病待遇。用人单位应当按照国家有关规定，安排职业病病人进行治疗、康复和定期检查。用人单位对不适宜继续从事原工作的职业病病人，应当调离岗位，并妥善安置。用人单位对从事接触职业病危害的作业的劳动者，应当给予岗位津贴。职业病病人的诊断、康复费用，伤残以及丧失劳动能力的职业病病人的社会保障，按照国家有关工伤社会保险的规定执行。职业病病人除依法享有工伤社会保险外，依照有关民事法律，尚有获得赔偿的权利的，有权向用人单位提出赔偿要求。职业病病人变动工作单位，其依法享有的待遇不变。用人单位发生分立、合并、解散、破产等情形的，应当对从事接触职业病危害的作业的劳动者进行健康检查，并按照国家有关规定妥善安置职业病病人。

第三节　员工安全健康权益保障

一、劳动条件

为预防、控制和消除职业病危害，保护劳动者健康及其相关权益，用人单位必须建立、健全职业安全健康制度，严格执行国家职业安全健康规程和标准，对劳动者进行职业安全健康教育，防止劳动过程中发生事故，减少职业危害。

职业安全健康设施必须符合国家规定的标准。

新建、改建、扩建工程的职业安全健康设施必须与主体工程同时设计、同时施工、同时投入生产和使用。

用人单位必须为劳动者提供符合国家规定的职业安全健康条件和必要的劳动防护用品，对从事有职业危害作业的劳动者应当定期进行健康检查。

二、劳动合同

从业人员在上岗前应和用人单位依法签订劳动合同，建立明确的劳动关系，确定双方的权利和义务。在签订劳动合同时应注意两方面的问题：第一，在合同中要载明保障从业人员劳动安全、防止职业危害的事项；第二，在合同中要载明依法为从业人员办理工伤社会保险的事项。

遇有以下合同不能签：

(1)“生死合同”：在危险性较高的行业，用人单位往往在合同中写上一些逃避责任的条款，典型的如“发生伤亡事故，单位概不负责”。

(2)“暗箱合同”：这类合同隐瞒工作过程中的职业危害，或者采取欺骗手段剥夺从业人员的合法权利。

（3）“霸王合同”：有的用人单位与从业人员签订劳动合同时，只强调自身的利益，无视从业人员依法享有的权益，不容许从业人员提出意见，甚至规定“本合同条款由用人单位解释”等。

（4）“卖身合同”：这类合同要求从业人员无条件听从用人单位安排，用人单位可以任意安排加班加点，强迫劳动，使从业人员完全失去自由。

（5）“双面合同”：一些用人单位在与从业人员签订合同时准备了两份合同：一份合同用来应付有关部门的检查，另一份用来约束从业人员。

三、劳动时间和劳动报酬

为了合理安排职工的工作和休息时间，维护职工的休息权利，调动职工的积极性，国家对劳动者的标准工作时间和工作报酬有以下规定。

1. 劳动时间

《中华人民共和国劳动法》（以下简称《劳动法》）第三十六条规定：“国家实行劳动者每日工作时间不超过八小时，平均每周工作时间不超过四十四小时的工时制度。”第三十八条规定：“用人单位应当保证劳动者每周至少休息一日。”第三十九条规定：“企业因生产特点不能实行本法第三十六条、第三十八条规定的，经劳动行政部门批准，可以实行其他工作和休息办法。”

因工作性质或生产特点限制，不能实行标准工时制度的企业，可以根据实际情况，经劳动保障行政部门批准后，实行不定时工作制或综合计算工时工作制。对于实行不定时工作制或综合计算工时工作制等其他工作和休息办法的职工，企业应根据《劳动法》的第一章、第四章有关规定，在保障职工身体健康并充分听取职工意见的基础上，采用集中工作、集中休息、轮休调休、弹性工作时间等适当方式，确保职工的休息休假权利和生产、工作任务的完成。

用人单位由于生产经营需要，经与工会和劳动者协商后可以延长工作时间，一般每日不得超过 1h；因特殊原因需要延长工作时间的，在保障劳动者身体健康的条件下延长工作时间每日不得超过 3h，但是每月不得超过 36h。

用人单位不得违反劳动法规定延长劳动者的工作时间。

有下列情形之一的，延长工作时间不受上述的限制：

（1）发生自然灾害、事故或者因其他原因，威胁劳动者生命健康和财产安全，需要紧急处理的。

（2）生产设备、交通运输线路、公共设施发生故障，影响生产和公众利益，必须及时抢修的。

（3）法律、行政法规规定的其他情形。

用人单位在下列节日期间应当依法安排劳动者休假：元旦，春节，国际劳动节，国庆节，法律、法规规定的其他休假节日。

国家实行带薪年休假制度。劳动者连续工作一年以上的，享受带薪年休假。

2. 劳动报酬

工资分配应当遵循按劳分配原则，实行同工同酬。工资水平在经济发展的基础上逐步提高。国家对工资总量实行宏观调控。国家实行最低工资保障制度，最低工资的具体标准由省、自治区、直辖市人民政府规定，报国务院备案。

用人单位根据本单位的生产经营特点和经济效益，依法自主确定本单位的工资分配方式和工资水平。用人单位支付劳动者的工资不得低于当地最低工资标准。

确定和调整最低工资标准应当综合参考下列因素：

（1）劳动者本人及平均赡养人口的最低生活费用；

（2）社会平均工资水平；

（3）劳动生产率；

（4）就业状况；

(5) 地区之间经济发展水平的差异。

工资应当以货币形式按月支付给劳动者本人，不得克扣或者无故拖欠劳动者的工资。

劳动者在法定休假日和婚丧假期间以及依法参加社会活动期间，用人单位应当依法支付工资。有下列情形之一的，用人单位应当按照下列标准支付高于劳动者正常工作时间工资的工资报酬：

(1) 安排劳动者延长工作时间的，支付不低于工资的百分之一百五十的工资报酬；

(2) 休息日安排劳动者工作又不能安排补休的，支付不低于工资的百分之二百的工资报酬；

(3) 法定休假日安排劳动者工作的，支付不低于工资的百分之三百的工资报酬。

四、体力劳动强度

《体力劳动强度分级》（GB 3869—1997）自 1998 年 1 月 1 日起正式实施。该标准是劳动保护工作科学管理的一项基础标准，是确定体力劳动强度大小的根据。应用这一标准，可以明确工人体力劳动强度的重点工种或工序，以便有重点、有计划地减轻工人的体力劳动强度，提高劳动生产率。

体力劳动强度的大小是以体力劳动强度指数来衡量的，体力劳动强度指数是由该工种的劳动时间率、平均能量代谢率、体力劳动方式等因素构成的。体力劳动强度指数越大，体力劳动强度也越大；反之，体力劳动强度越小。

标准中规定：体力劳动强度指数小于 15，体力劳动强度为Ⅰ级：大于 15 小于 20，为Ⅱ级；大于 20 小于 25，为Ⅲ级；大于 25，为Ⅳ级。

若需了解某工种劳动强度的大小，可请当地劳动部门职业安全健康检测站实地测量和计算。

五、女职工及未成年工特殊保护

1. 女职工劳动保护

针对女职工在经期、孕期、产期、哺乳期等的生理特点，国家规定对女职工应给予特殊的劳动保护。用人单位必须根据女职工的生理特点和所从事工作的特点，加强劳动保护工作；应通过技术改造、工艺改革、设备更新、改进劳动防护用品等途径和方式，改善劳动条件，并采取有效措施加强对女职工的安全教育和安全技术培训。对女职工的特殊保护主要体现在以下几点：

（1）就业保护。凡适合妇女从事劳动的单位，不得拒绝招收女职工。各单位在安排女职工工作岗位时，不得以任何方式加以歧视和限制。各单位不得在女职工妊娠期、产期和哺乳期降低其基本工资；不得以女职工妊娠、生育和哺乳为由，解除其劳动合同。

（2）工种和工作岗位保护。根据女职工生理特点，国家规定了女职工禁忌从事的工作种类，以保护女职工身心健康及其子女的正常发育和成长。女职工禁忌从事的工作主要有：矿山井下、人工锻打、人工装卸、冷藏、强烈振动的工作；国家规定的第四级体力劳动强度的劳动；建筑业脚手架的组装和拆除作业，以及电力、电信行业的高处架线作业；连续负重（指每小时负重次数在6次以上）每次超过20kg，间断负重每次超过25kg的工作。

（3）在女职工经期禁忌劳动。对从事高空、低温、冷水、野外流动和国家规定的第三级体力劳动强度作业的女职工，在月经期间应暂时调做其他工作或给予公假1天。对其他生产第一线的女职工，在月经期间也应酌情给予照顾。

（4）妊娠期和哺乳期的女职工保护。禁止安排妊娠期和哺乳期的女职工从事下列工作：①生产或使用铅、苯、汞、镉、二硫化碳的工作，以及超过卫生防护要求剂量当量限值的放射性工作；②生产抗癌药物、性激素的工作或接触锰、铬、铍、砷、磷及其化合物和苯胺、环氧乙烷、氯乙烯及其他有机氯化合物的工作；③在氰化物、氨氧化物、一氧化碳、氯、甲醛、氟、溴、甲醇等浓度超过国家卫生标准的场所内工作；④对妊娠期的女职工，不应延长其劳动时间；对从事频繁弯腰、攀高、下蹲、抬举、搬运等容易引起流产、早产的工作，或者经区、县级以上医疗机构证明不宜从事原工作的，应暂时调做其他适当工作或酌情减轻工作量。

女职工妊娠7个月以上（按28周计算），应给予每天工间休息1h，不得安排夜班劳动。如工作许可，经本人申请，单位批准，可请产前假2个半月。

女职工妊娠期间在医疗保健机构约定的劳动时间内进行产前检查（包括妊娠12周内的初查），应算作劳动时间。

(5) 生育期保护。

女职工生育享受不少于90天的产假。分别按下列情况执行：

a. 单胎顺产者，给予产假90天，其中产前休息15天，产后休息75天。

b. 难产者，增加产假15天；多胞生育者，每多生育一个婴儿，增加产假15天。

c. 妊娠3个月内自然流产或子宫外孕者，给予产假30天；妊娠3个月以上，7个月以下，自然流产者，给予产假45天。

(6) 哺乳期保护。女职工生育后，在其婴儿一周岁内应照顾其在每班劳动时间内授乳两次（包括人工喂养）。每次单胎纯授乳时间为30min，可将两次授乳时间合并使用。多胞胎生育者，每多生一胎，每次喂乳时间增加30min。婴儿满一周岁后，经区、县级以上医疗保健机构确诊为体弱儿的，可适当延长女职工授乳时间，但最多不超过6个月。授乳时间及在本单位内授乳往返时间，应算作劳动时间。

女职工生育后，若有哺乳困难且工作许可，由本人提出申请，经单位批准，可请哺乳假6个半月。

女职工在哺乳期间，不得延长其劳动时间，一般不得安排其从事夜班劳动。

女职工在产假期间的工资照发。按规定享受的产前假和哺乳假的工资按本人原工资的80%发给。单位增加工资时，女职工按规定享受的产前假、产假、哺乳假，应作出勤对待。

（7）更年期保护。对经区、县级以上医疗保健机构确诊患有较严重更年期综合征的女职工，应给予照顾，可暂时调做其他适当工作或酌情减轻工作量。

2. 未成年工劳动保护

针对未成年工（已满16岁，未满18岁）的生理特点，工作时间和工作分配等方面要进行特殊保护。《劳动法》第六十四条规定："不得安排未成年工从事矿山井下、有毒有害、国家规定的第四级体力劳动强度的劳动和其他禁忌从事的劳动。"除了不得采用未成年人从事矿山井下劳动外，对国家法律、法规允许招用在地面工作的已满16周岁、未满18周岁的未成年工，不得安排他们从事爆破等危险作业；同时，对未成年工的劳动时间也应加以限制，不得安排他们加班、加点和夜间工作。

《劳动法》第六十五条规定："用人单位应当对未成年工定期进行健康检查。"用人单位在招用未成年工时，要对其进行体格检查，合格者方可录用；录用后还要定期进行体格检查，一般一年进行一次。

六、职业健康个体防护

在无法将作业场所中有害化学品的浓度降低到最高容许浓度以下时，工人就必须使用符合国家标准或行业标准的合适的个体防护用品。个体防护用品既不能降低工作场所中有害化学品的浓度，也不能消除工作场所的有害化学品，而只是一道阻止有害物进入人体的屏障。防护用品本身的失效就意味着保护屏障的消失。因此，个体防护不能被视为控制危害的主要手段，而只能作为一种辅助性措施。为了避免劳动者在生产过程中发生事故或减轻事故伤害程度，需要给劳动者配备合格的防护用品。

各类个体防护用品具有不同的功能，有眼睛保护、听力保护、呼吸保护、皮肤防护，以及防护服、安全带、保险带等常见的防护用具。

1. 听力保护

听力保护的器具主要有两大类：一类是置放于耳道内的耳塞，用于阻止声能进入；另一类是置于外耳外的耳罩，限制声能通过外耳进入耳鼓及中耳和内耳。需要注意的是，这两种保护器具均不能阻止相当一部分的声能通过头部传导到听觉器官。

耳塞可以置放在耳道内，是用树脂泡沫材料或者橡胶等制成，用完了就可丢弃。也有一些种类的耳塞是可以重复使用的，但是必须注意到工业卫生方面的问题。为此，在使用后要特别注意耳塞的清洁问题。另外，也要注意耳塞和使用者的耳道是否匹配。虽然耳塞有多种不同的尺寸，但要由经过考核的人员来决定佩戴者应使用的尺寸。

耳罩由可以盖住耳朵的套子和放在头部上来定位的带子组成。套子通常装有树脂塑胶泡沫材料，达到耳朵密封的效果。套子里充填了吸声材料。耳罩的密封性取决于耳罩的设计、密封的方法及佩戴的松紧程度。

2. 呼吸保护

呼吸保护装置一般分为两大类：一类是过滤式呼吸保护器，它通过将空气吸入过滤装置去除污染而使空气净化；另一类是供气式呼吸保护器，它是通过一个未经过污染的外部气源，向佩戴者提供洁净空气的。绝大多数设备尚不能提供完全的保护，总有少量的污染物仍不可避免地进入呼吸区。

过滤式呼吸保护器有 5 类：

（1）口罩。覆盖鼻子和嘴，由可以去除污染的过滤材料制成。

（2）半面罩呼吸保护器。覆盖鼻子和嘴部的面罩，用橡皮或塑料制成，带有一个或多个可拆卸的过滤盒。

（3）全面罩呼吸保护器。覆盖眼、鼻子及嘴部，有可拆卸的过滤罐。

（4）动力空气净化呼吸保护器。用泵将空气送进过滤器，在呼吸保护器内形成微正压，防止了污染物从缝隙中进入呼吸保护器。

（5）动力头盔呼吸保护器。包括了过滤器及装在头盔上的风扇，净化的空气吹进头盔之内供呼吸使用。

过滤式呼吸保护器在缺氧空气中起不到任何保护作用。

供气式呼吸保护器主要有3种：

（1）长管洁净空气呼吸器。它通过未污染的气流提供洁净的空气。

（2）压缩空气呼吸器。压缩气流通过柔性长管向佩戴者提供空气。在气管上要有过滤装置以除去空气中的氨氧化物及油污。要有面罩或头盔，空气的压力由阀门来调整。

（3）自备气源呼吸器。空气从钢瓶中通过特殊的面罩提供给佩戴者，全套装置均佩戴在操作者身上。

3. 眼睛保护

在选择保护用品时，为了使其有效，首先要对眼睛可能造成的危害及其风险的程度进行评估。眼睛保护用品一般可以分为以下3类。

（1）安全眼镜。用于预防低能量的飞溅物，如金属碎渣等，但不能抵御尘埃，也不能抵御高能量的冲击，要易于更换。

（2）安全护目镜。用于预防高能量的飞溅物和灰尘，在经过进一步处理后，也能抵御化学品及金属液滴。其缺点是内侧容易起雾，镜片易损，戴后视野受局限，不能保护整个面部，价格也较贵。在抵抗非离子辐射时，要另外加上过滤片。

（3）面罩。提供对整个面部的高能量飞溅的保护，同时加上各种过滤片后，可以处理各种类型的辐射。其优点是视野可能会受到限制，虽然有一些头盔的风挡易于置换且不贵，但总价格还是不低。另外，面罩虽重了一些，但相对眼镜来讲，内侧不容易雾化。

4. 个体防护服

为了保护人体的健康，当人体暴露在一些有危害的环境内，如热、冷、辐射、冲击、摩擦、湿、化学品及车辆冲击等环境，则应提供身体的防护。

（1）头部防护。头部防护普遍采用安全头盔和头部保护器（即所谓“安全帽”），通常没有帽檐。它们的功能是提供对阳光及雨水和头部冲击的防护。头部保护器对冲撞的防护能力是相当有限的，其主要作用是在有限的空间中提供对撞击的保护，因此，它代替不了安全头盔。安全头盔的使用寿命在3年左右，当过长地暴露在紫外线下或者受到反复的冲击时，其寿命还会缩短。

（2）户外防护服。户外防护服通常是用PVC材料制成，而且时常是用很显眼的材料，以引起接近穿戴者的车辆的注意。PVC材料可能因透气性差而不够舒适，而非PVC材料的纤维对于水蒸气来讲容易透过，但其价格要贵一些。

（3）身体防护服。身体防护服诸如全身套服或者大衣，是用棉布制成的，有些是一次性使用的。如果是全身套服，在清洗时要注意防止破坏其工业卫生要求。如在处理油及化学品的情况下，衣服不能保持清洁和不能及时更换时，有可能会导致皮炎或皮肤癌。围裙及工装裤应是阻燃的，而在进行切割操作时所穿的裤子，要用强力尼龙或类似的材料制成来提供防护。穿上工作服后可能会对运动有所限制，而且容易被机器缠上，因此要对工作服的类型及制作小心进行选择，同时还要教会使用者正确地使用，如在旋转的机器附近扣好上衣。穿戴防静电服是减少静电效应的一个重要的措施，当有这项要求时要严格遵守。

(4) 手套。手套应认真地选择，要考虑到舒适、灵活的要求和防高温的需要，以及可能用其抓起的物件的种种条件的需要等。同时，要考虑其价格和使用者可能遇到的危害等因素。例如，有没有被卷到机器中的危险等。

5. 保护鞋

各种保护鞋设计是有其特殊保护功能的，如普通的防砸鞋就是防止当材料下落时对脚的砸伤，特别是对脚趾的保护。有的鞋用来防止脚底下的锐利物品穿透鞋底而保护脚掌。保护鞋应防水、防滑，并穿着舒适，鞋的头部用钢内衬来保护脚趾，同时鞋的尺寸也要合适。鞋的绝缘性、防静电性有时也很重要。

6. 皮肤保护

对于某种危害无法使用防护服时，除日常的卫生工作外，在工作前后可以使用护肤膏来保护皮肤。护肤膏一般有 3 种：可溶于水、不溶于水和特种用途。

7. 安全带及安全钩

安全带及安全钩并不能取代防止高处坠落的其他安全措施，只有当无法使用平台及防护网时，才能选择安全带及安全钩。安全带及安全钩的作用是限制下坠的高度，并且帮助开展救援工作。除了要求舒适及运动方便外，选择这种装置还必须考虑系带的人体一旦坠落时，能够提供足够的防护来抵抗这种能量转换的需要。为此，在有可能发生坠落的情况下，相比安全带而言，更应选择安全钩。

安全带及安全钩的一端要固定在坚实的系留点之上，它必须能够承受坠落时的张力。基本原则就是，把系留端固定在工作场所尽可能高的地方，从而限制下落的距离，即高挂低用。

所有防护设备，在使用前要根据制造商的说明进行检验。

第三章 生产安全事故预防

第一节 触电事故的预防

一、触电事故的特点

触电事故原因大多是由于缺乏安全用电知识或不遵守安全技术要求、违章作业所致。

（1）触电事故的发生有明显的季节性。一年中春、冬两季触电事故较少，夏、秋两季，特别是6，7，8，9这4个月中，触电事故特别多。其主要原因不外乎气候炎热、多雷雨、空气中湿度大，这些因素降低了电气设备的绝缘性能，人体也因炎热多汗，皮肤接触电阻变小，衣着单薄，身体暴露部分较多，大大增加了触电的可能性，一旦发生触电时，便有较大强度的电源通过人体，产生严重后果。

（2）低压工频电源的触电事故较多。据统计，此类电源所引起的事故占总数90%以上。低压设备较高压设备应用广泛，人们接触的机会较多，加上220～380V的交流电源习惯称其为“低压”，好多人不够重视，因此容易引起触电事故。

（3）触电者中青年人多。这说明安全与技术是紧密相关的，工龄长、工作经验丰富、技术能力强、对安全工作重视，出事故的可能性就小。

（4）事故多发生在电气设备的连接部位。由于该部位紧固件松动、绝缘老化、环境变化和经常活动，会出现隐患或发生触电事故。

（5）行业特点。冶金行业的高温和粉尘、机械行业的场地金属占有系数高、化工行业的腐蚀潮湿、建筑行业的露天分散作业、安装行业的高空移动式用电设备等，由于用电环境条件恶劣，都很容易发生事故。

二、触电的类型

一般按接触电源时情况不同，常分为两相触电、单相触电和跨步电压触电。按电流对人的伤害，又分为电击和电伤。

三、电流对人体的影响

电流通过人体后，能使肌肉收缩产生运动，造成机械性损伤。电流产生的热效应和化学效应可引起一系列急骤的病理变化，使肌体遭受严重的损害。特别是电流流经心脏，对心脏损害极为严重，极小的电流即可引起心室纤维性颤动，导致死亡。电击伤对人体的伤害程度与电流的种类、大小、途径、接触部位、持续时间、人体健康状态、精神状态等都有关系。

通过人体的电流越大，对人体的影响也越大，因此，接触的电压越高，对人体的损伤也就越大。一般将36V以下的电压称作安全电压。但在特别潮湿的环境中即便接触36V的电源也有生命危险，所以在这种场所要用12V安全电压。

交流电对人体的损害作用比直流电大，不同频率的交流电对人体影响也不同。人体对工频交流电要比直流电敏感得多。接触直流电时，其强度达250ΩA有时也不引起特殊的损伤，而接触50Hz交流电时只要有50mA的电流通过人体，如持续数十秒，便可引起心脏心室纤维性颤动，导致死亡。交流电中28～300Hz的电流对人体损害最大，极易引起心室纤维性颤动，20000Hz以上的交流电对人体影响较小，故可用来作为理疗之用。人们通常采用的工频交流电源为 50Hz，从设计电气设备角度考虑是比较合理的，然而 50Hz 的电流对人体损害是较严重的，故一定要提高警惕，搞好安全用电工作。

电流持续时间与损伤程度有密切关系：通电时间短，对肌体的影响小；通电时间长，对肌体损伤就大，危险性也增大。特别是电流持续流过人体的时间超过人的心脏搏动周期时对心脏的威胁很大，极易产生心室纤维性颤动。

通过人体的电流途径不同时，对人体的伤害情况也不同。通过心脏、肺和中枢神经系统的电流越大，其后果也就越严重。由于身体的不同部位触及带电体，通过人体的电流途径均不相同，因此流经身体各部位的电流也不同，对人体的损害程度也就不一样。

四、触电事故的预防

（1）电气操作属特种作业，操作人员必须经专门培训并考试合格后方可持证上岗。

（2）场站内的电气设备，不得随便乱动。如果电气设备出了故障，应请电工修理，不得擅自修理，更不得带故障运行。

（3）经常接触和使用的配电箱、配电板、闸刀开关、按钮开关、插座、插销以及导线等，必须保持完好、安全，不得有破损或将带电部分裸露出来。

（4）在操作闸刀开关、磁力开关时，必须将盖盖好。

（5）电气设备的外壳应按有关安全规程进行防护性接地或接零。

（6）使用手电钻、电砂轮等手用电动工具时，必须安设漏电保护器，同时工具的金属外壳应进行防护接地或接零。若使用单相手用电动工具时，其导线、插销、插座应符合单相三眼的要求；使用三相的手动电动工具，其导线、插销、插座应符合三相四眼的要求。操作时应戴好绝缘手套和站在绝缘板上。不得将工件等重物压在导线上，以防止轧断导线发生触电。

(7) 使用的行灯要有良好的绝缘手柄和金属护罩。

(8) 在进行电气作业时，要严格遵守安全操作规程，切不可盲目乱动。

(9) 一般禁止使用临时线，必须使用时，应经过安技部门批准，并采取安全防范措施，要按规定时间拆除。

(10) 进行容易产生静电火灾、爆炸事故的操作时（如使用汽油洗涤零件、擦拭金属板材等），必须有良好的接地装置，及时消除聚集的静电。

(11) 移动某些非固定安装的电气设备，如电风扇、照明灯、电焊机等，必须先切断电源。

(12) 在雷雨天，不可走近高压电杆、避雷针的接地导线周围20m以内，以免发生跨步电压触电。

(13) 发生电气火灾时，应立即切断电源，用黄沙、二氧化碳、四氯化碳等灭火器材来灭火。切不可用水或泡沫灭火器灭火，因为它们有导电的危险。

(14) 打扫卫生、擦拭设备时，严禁用水冲洗或用湿布去擦拭电气设备，以防发生短路和触电事故。

五、安全用电常识

工厂里用电设备很多，每个工人接触电气设备的机会也多。新工人必须掌握如下用电安全常识。

(1) 工厂、车间内的电气设备，不要随便乱动。自己使用的设备、工具，如果电气部分出了故障，不得私自修理，也不得带故障运行，应立即请电工检修。

(2) 自己经常接触和使用的配电箱、配电板、闸刀开关、按钮开关、插座、插销以及导线等，必须保持完好、安全，不得破损或将带电部分裸露出来。

（3）在操作闸刀开关、磁力开关时，必须将盖盖好，防止万一短路时产生电弧或保险丝熔断飞溅伤人。

（4）使用的电气设备的外壳，必须按有关安全规程进行防护性接地或接零。对于接地或接零的设施要经常进行检查。需要移动某些非固定安装的电气设备时，必须先切断电源再移动。同时导线要整理好，不得在地面上拖来拖去，以免磨损。

（5）工作台上，机床上使用的局部照明灯，其电压不得超过36V。

（6）使用的行灯要有良好的绝缘手柄和金属护罩。灯泡的金属灯口不得外露。引线要采用有护套的双芯软线，并装有“T”形插头，防止插入高电压的插座上。在一般场所，行灯的电压不得超过36V；在特别危险的场所，如锅炉、金属容器内，潮湿的地沟等处，其电压不得超过12V。

（7）在一般情况下，禁止使用临时线。如必须使用时，必须经过机电部门和安全部门批准。同时，临时线应按有关安全规定安装好，不得随便乱拉乱拽，并应在规定时间内拆除。

（8）在进行容易发生静电火灾、爆炸事故的操作时（如使用汽油洗涤零件、擦拭金属板材等），必须有良好的接地装置，以便及时导出聚集的静电。

（9）在雷雨天，不要走近高压电杆、铁塔、避雷针的接地导线周围20m之内，以免雷击时产生雷电流入地导致跨步电压触电。

（10）在遇到高压电线断落到地面时，导线断落点周围10m以内，禁止人员入内，以防跨步电压触电。如果此时已有人在10m之内，为了防止跨步电压触电，不要跨步奔走，应用单足或并足跳离危险区。

（11）发生电气火灾时，应立即切断电源，用黄沙、二氧化碳、四氯化碳等灭火器材灭火。切不可用水或泡沫灭火器材灭火，因为它们有导电的危险。救火时应注意自己身体的任何部分及灭火器具不得与电线、电器设备接触。

（12）在打扫卫生、擦拭设备时严禁用水冲洗电气设备，或用湿抹布去擦拭电气设施，以防发生短路和触电事故。

第二节　机械事故伤害及预防

一、机械事故造成的伤害种类

由机械产生的危害是指在使用机械过程中，可能对人的身心健康造成损伤或危害的根源和状态。它主要有两类：一类是机械危害，其主要形式有夹挤、碾压、剪切、切割、缠绕或卷入、戳扎或刺伤、摩擦或磨损、飞出物打击、高压流体喷射、碰撞或跌落等；另一类是非机械危害，包括电气危害、噪声危害、振动危害、辐射危害、温度危害、材料或物质产生的危害、未遵守安全人机学原则而产生的危害等。

在生产作业中，机械设备的操作者与机械设备的某个局部发生接触，形成一个协调的运动体系。当这个体系的两个方面都处于良好状态时，发生事故的可能性就很小。如果这一体系的某一个方面出现非正常的情况，就有可能发生互相冲突而造或事故，使操作者受到伤害。机械设备造成人员伤害的事故一般有以下 7 种：

1. 机械设备零、部件作旋转运动时造成的伤害

机械设备是由许多零、部件构成的，其中有的零、部件是固定不动的，有的零、部件则需要运动，而运动形式最多、最广泛的是旋转运动。例如，机械设备中的齿轮、皮带轮、滑轮、卡盘、轴、光杠、丝杠、联轴器等零、部件都是作旋转运动的。这类事故主要有：

（1）绞伤。例如，直接绞伤手部、衣袖、裤脚或者穿戴的个人防护用品。女工的长头发也会绞进去。

（2）在可以进行旋转的零、部件上，摆放未经固定的东西，旋转时，由于离心力的作用，将东西甩出伤人。

2. 机械设备的零、部件作直线运动时造成的伤害

机械设备的某些零、部件是作直线运动的。例如，锻锤、冲床、切板机的施压部，牛头刨床的床头，龙门刨床的床面以及桥式吊车大、小车和升降机构等，都作直线运动。作直线运动的零、部件与作旋转运动的零、部件一样，也是具有动能的。除此之外，在一定条件下，它还可以具有位能。例如，吊车的升降机构，当它作直线运动升高时，吊钩及其所吊的重物就具有位能。作直线运动的零、部件所具有的动能和位能，如果施加给操作人员，足以造成伤害事故。这类事故主要有：

（1）压伤。例如，冲床造成的手部冲压伤，锻锤造成的压伤，以及切板机造成的剪切伤，等等。

（2）砸伤。例如，具有位能的零、部件掉下来，就可以造成砸伤。

（3）挤伤。例如，零、部件在作直线运动时，将人身某部分挤住，就能造成这种伤害。

3. 机械加工刀具造成的伤害

有些机械设备，为了对零件进行加工，需要安装刀具。例如，车床上的车刀、铣床上的铣刀、钻床上的钻头、磨床上的磨轮、锯床上的锯条等，都是加工零件用的刀具。刀具在加工零件时，也要作某种形式的运动。最广泛、最多的运动形式，基本上仍然可分为旋转运动和直线运动。因此，它们造成的伤害和上面叙述的相同。但有一点比较特殊，就是刀具产生的切屑所造成的伤害也是值得注意的。一般来说，刀具产生的切屑能够造成较为严重的伤害，主要是烫伤、刺伤、割伤和挤伤。

4. 被加工的零件造成的伤害

机械设备在对零件进行加工的过程中，有可能对人身造成伤

害。这类伤害事故主要有：

（1）被加工的零件固定不牢被甩出打伤人。例如，车床卡盘架不牢，在旋转时就会将工件甩出伤人。

（2）被加工的零件在吊运和装卸过程中可能造成砸伤，特别笨重的大零件更需要加倍注意。因为当它们吊不牢、放不稳时，就会坠下或者倾倒，将人体某部分甚至整个人砸倒、压倒而造成重伤、死亡。

5. 电气系统造成的伤害

工厂里使用的机械设备，其动力绝大多数是电能，因此每台机械设备都有自己的电气系统。电气系统主要包括电动机、配电箱、开关、按钮、局部照明灯以及接零（地）导线等。电气系统对人的伤害主要是电击。能够发生电击事故的情况有以下几种：

（1）电气系统有故障，操作者不请电工修理，私自乱摸乱动而触电。

（2）电气部件由于绝缘不好，使平时不带电的外壳带电，从而使整个机械设备带电，而此时防护性接地或接零装置由于未接牢或断头等原因而失去作用，这时操作者就可能触电。

（3）使用的开关、按钮、导线等由于没有防护装置或遭到损坏等原因，使某些带电元件，如开关的刀片、按钮的触头、导线的金属芯等裸露在外，这也会使操作者触电。

（4）局部照明灯不使用36V而使用220V电源的，由于操作者周围接触的全是金属，稍有不慎就可能触电。

（5）使用临时线，又乱行安装，不按规定办事，也可能发生触电。

6. 手用工具造成的伤害

在机械设备上操作时，有时候需要使用某些手用工具，如手锤、扁铲、锉刀等。使用这些手用工具造成的伤害有以下几种情况：

（1）手锤的锤头不得有卷边或毛刺；否则，当手锤敲打时，卷边或毛刺就可能被击掉而飞出打伤人。特别是飞入眼睛内，可能造成失明。此外，手锤的手柄一定要安装牢固；否则，也可能飞出伤人。

（2）锉刀必须安装木柄使用，而且木柄必须装牢。使用没有木柄的锉刀会刺伤手心或手腕。锉工件时禁止使用嘴吹锉屑，以防锉屑迷眼。

（3）手锯的锯条不得过紧或过松，也不得用力过大，往返用力要均匀，以防锯条折断伤人。锯割结束时，应用手扶住被割下的部分，以免被锯下的部分掉下来砸伤人。

7. 其他伤害

有的机械设备在使用时伴随着发出强光、高温，还有的放出化学能、辐射能，以及尘毒危害物质等，这些对人体都可能造成伤害。

二、机械事故的预防

1. 机械设备的基本安全要求

（1）机械设备的布局要合理，应便于操作人员装卸工件、加工观察和清除杂物，同时也应便于维修人员检查和维修。

（2）机械设备的零、部件的强度、刚度应符合安全要求，安装应牢固，不得经常发生故障。

（3）根据有关安全要求，机械设备必须装设合理、可靠、不影响操作的安全装置。例如：①对于作旋转运动的零、部件，应装设防护罩或防护挡板、防护栏杆等安全防护装置，以防发生绞伤；②对于可能超压、超载、超温度、超时间、超行程等而导致危险事故的零、部件，应装设保险装置，如超负荷限制器、行程限制器、安全阀、温度继电器、时间断电器等，以便当危险情况出现时，保险装置发生作用而排除险情，防止事故的发生；③对于某些动作需要对人们进行警告或提醒注意时，应安设信号装置或警告标志牌等。如电铃、喇叭、蜂鸣器等声音信号，还有各种灯光信号、各种警告标志牌等都属于这类安全装置；④对于某些动作顺序不能搞颠倒的零、部件应装设相互连锁装置，即某一动作必须在前一动作完成之后才能进行，否则就不可能动作。这样就保证了不致因动作顺序搞错而发生事故。

（4）每台机械设备应根据其性能、操作顺序等制定出安全操作规程和检查、润滑、维护等制度，以便操作者遵守。

2. 机械设备电气装置的电气安全要求

（1）供电的导线必须正式安装，不得有任何破损或裸露的部位。

（2）电机绝缘应良好，其接线板应有盖板防护，以防直接接触。

（3）开关、按钮等应完好无损，其带电部分不得裸露在外。

（4）应有良好的接地或接零装置，连接的导线要牢固，不得有断开的部位。

（5）局部照明灯应使用36V的电压，禁止使用110V或220V电压。

3. 机械设备的操纵手柄、手轮以及脚踏开关的安全要求

（1）重要的手柄应有可靠的定位及锁紧装置，同轴手柄应有明显的长短差别。

（2）手轮在机动时应能与转轴脱开，以防随轴转动打伤人。

（3）脚踏开关应有防护罩或藏入床身的凹入部分内，以免掉下的零、部件落到开关上启动机械设备而伤人。

4. 机械设备作业现场的要求

机械设备的作业现场要有良好的环境，即照度要适宜，湿度与温度要适中，噪声和振动要小，零件、工夹具等要摆放整齐。因为这样能使操作者心情舒畅、专心无误地工作。

5. 机械操作基本安全要求

要保证机械设备不发生工伤事故，不仅机械设备本身要符合安全要求，更重要的是要求操作者严格遵守安全操作规程。

（1）必须正确穿戴好个人防护用品。该穿戴的必须穿戴，不该穿戴的就一定不要穿戴。例如，机械加工时要求女工戴防护帽，如果不戴就可能将头发绞进机械的旋转部分中去。同时，机械加工时要求不得戴手套，如果戴了，机械的旋转部分就可能将手套绞进去，将手绞伤。

（2）操作前要对机械设备进行安全检查，而且要空车运转试验。确认正常后，方可投入运行。

（3）机械设备在运行中也要按规定进行安全检查，特别是检查紧固的物件是否由于振动而松动，以便重新紧固。

（4）机械设备严禁带故障运行，千万不能凑合使用，以防出事。

（5）机械设备的安全装置必须按规定正确使用，不准将其拆掉不用。

（6）机械设备使用的刀具、工夹具以及加工的零件等一定要装卡牢固，不得松动。

（7）机械设备在运转时，严禁用手调整，也不得用手测量零件，或进行润滑、清扫杂物等。如必须进行时，则应关停机械设备之后进行。

（8）机械设备运转时，操作者不得离开工作岗位，以防发生事故时无人处置。

（9）工作结束后，应关闭开关，把刀具和工件从工作位置退出，并清理好工作场地，将零件、工夹具等摆放整齐，打扫好机械设备的卫生。

第三节　起重伤害及预防

一、起重伤害事故的主要类型

起重机械种类繁多，结构复杂，在厂矿企业的应用比较广泛，对于实现生产过程的机械化，提高生产效率，降低工人劳动强度等方面起着重要作用。

起重伤害事故的主要类型有5种：

(1) 挤伤事故。作业人员被挤压在两个物体之间造成的挤伤、压伤、击伤等人身伤亡事故。

(2) 触电事故。从事起重作业或其他作业人员，因违章操作或其他原因造成的电气伤害事故。

(3) 坠落事故。在作业中，人、吊具、吊载的重物从空中坠落所造成的人身伤亡或设备损坏事故。

(4) 机毁事故。起重机机体因为失去整体稳定性而发生倾覆翻倒，造成的起重机机体严重损坏以及人员伤亡事故。

(5) 其他事故。包括因误操作、起重机之间的相互碰撞、安全装置失效、野蛮操作、突发事件、偶然事件等引起的事故。

二、起重伤害事故的主要原因

1. 挤压碰撞人的原因

挤压碰撞人是指作业人员被运行中的起重机械挤压碰撞。它是起重机械作业中常见的伤亡事故，其危险性大，后果严重，往往会导致人员死亡。起重机械作业中挤压碰撞人主要有4种情况。

(1) 吊物（具）在起重机械运行过程中摇摆挤压碰撞人。发生此种情况的原因：一是由于司机操作不当，运行中机构速度变化过快，使吊物（具）产生较大惯性；二是由于指挥有误，吊运路线不合理，致使吊物（具）在剧烈摆动中挤压碰撞人。

（2）吊物（具）摆放不稳发生倾倒碰砸人。发生此种情况的原因：一是由于吊物（具）放置方式不当，对重大吊物（具）放置不稳或没有采取必要的安全防护措施；二是由于吊运作业现场管理不善，致使吊物（具）突然倾倒碰砸人。

（3）在指挥或检修流动式起重机作业中被挤压碰撞。即作业人员在起重机械运行机构与回转机构之间，受到运行（回转）中的起重机机械的挤压碰撞。发生此种情况的原因：一是由于指挥作业人员站位不当（如站在回转臂架与机体之间）；二是由于检修作业中没有采取必要的安全防护措施，致使司机在贸然启动起重机械（回转）时挤压碰撞人。

（4）在巡检或维修桥式起重机作业中被挤压碰撞。即作业人员在起重机械与建（构）筑物之间（如站在桥式起重机大车运行轨道上或站在巡检人行通道上），受到运行中的起重机械的挤压碰撞。这种情况大部分发生在桥式起重机检修作业中。发生此种情况的原因：一是由于巡检人员或维修作业人员与司机缺乏相互联系；二是由于检修作业中没有采取必要的安全防护措施（如将起重机固定在大车运行区间的装置），致使司机在贸然启动起重机时挤压碰撞人。

2. 触电（电击）的原因

触电（电击）是指起重机械作业中作业人员触及带电体而发生触电（电击）。起重机械作业大部分处在有电的作业环境，触电（电击）也是起重机械作业中常见的伤亡事故。起重机械作业中作业人员触电（电击）主要有4种情况。

（1）司机碰触滑触线。即当起重机械司机室设置在滑触线同侧时，司机在上下起重机时碰触滑触线而触电。发生此种情况的原因：一是由于司机室位置设置不合理，一般不应设置与滑触线同侧；二是由于起重机在靠近滑触线端侧没有设置防护板（网），致使司机触电（电击）。

（2）起重机械在露天作业时触及高压输电线。即露天作业的流动式起重机在高压输电线下或塔式起重机在高压输电线旁侧，在伸臂、变幅和回转过程中触及高压输电线，使起重机械带电，致使作业人员触电（电击）。发生此种情况的原因：一是由于起重机械在高压电线下（旁侧）作业没有采取必要的安全防护措施（如加装屏蔽隔离）；二是由于指挥不当，操作有误，致使起重机械带电，导致作业人员触电（电击）。

（3）电气设施漏电。发生此种情况的原因：一是由于起重机械电气设施维修不及时，发生漏电；二是由于司机室没有设置安全防护绝缘垫板，致使司机因设施漏电而触电（电击）。

（4）起升钢丝绳碰触滑触线。即由于歪拉斜吊或吊运过程中吊物（具）剧烈摆动使起升钢丝绳碰触滑触线，致使作业人员触电。发生此种情况的原因：一是由于吊运方法不当，歪拉斜吊，违反安全规程；二是由于起重机械靠近滑触线端侧没有设置滑触线防护板，致使起升钢丝绳碰触滑触线而带电，导致作业人员触电（电击）。

3. 高处坠落的原因

高处坠落是指起重机械作业人员从起重机械上坠落。高处坠落主要发生在起重机械安装、维修作业过程中。起重机械作业中作业人员发生高处坠落主要有3种情况。

（1）修吊笼坠落。发生此情况的原因：一是由于检修吊笼设计结构不合理（如防护杆高度不够，材质选用不符合规定要求，设计强度不够等）；二是由于检修作业人员操作不当；三是由于检修作业人员没有采取必要的安全防护措施（如系安全带），致使检修吊笼的作业人员坠落。

（2）跨越起重机时坠落。发生此种情况的原因：一是由于检修作业人员没有采取必要的安全防护措施（如系安全带、挂安全绳、架安全网等）；二是由于作业人员麻痹大意，违章作业，致使发生高处坠落。

（3）安装或拆卸可升降塔身（节）式塔式起重机的塔身（节）作业中，塔身（节）连同作业人员坠落。发生此种情况的原因：一是由于塔身（节）设计结构不合理（拆装固定结构存有隐患）；二是由于拆装方法不当，作业人员与指挥配合有误，致使塔身（节）连同作业人员一起坠落。

4. 吊物（具）坠落砸人的原因

吊物（具）坠落砸人是指吊物或吊具从高处坠落砸向作业人员与其他人员。它是起重机械作业中最常见的伤亡事故，也是各类起重机械作业中普遍性的伤亡事故，其危险性极大，后果非常严重，往往导致人员死亡。

发生吊物（具）坠落砸人主要有4种情况：

（1）捆绑吊挂方法不当。发生此种情况的原因：一是由于捆绑钢丝绳间夹角过大，无平衡梁，捆绑钢丝绳被拉断，致使吊物坠落砸人；二是由于吊运带棱角的吊物未加防护板，捆绑钢丝绳被割断，致使吊物坠落砸人。

（2）吊具有缺陷。发生此种情况的原因：一是由于起升机构钢丝绳折断，致使吊物（具）坠落砸人；二是由于吊钩有缺陷（如吊钩变形、吊钩材质不符合要求折断、吊钩组件松脱等），致使吊物（具）坠落砸人。

（3）超负荷。发生此种情况的原因：一是由于作业人员对吊物的重量不清楚（如吊物部分被埋在地下、冻结在地面上，地脚螺栓未松开等），盲目起吊，超负荷拉断吊具，致使吊具坠落（甩动）砸人；二是由于歪拉斜吊导致超负荷而拉断吊具，致使吊物（具）坠落砸人。

（4）过（超）卷扬。发生此种情况的原因：一是由于没有安装上升极限位置限制器或限制器失灵，致使吊钩继续上升直至卷

(拉)断起升钢丝绳，导致吊物(具)坠落砸人；二是由于起升机构主接触器失灵(如主触头熔接、因机构故障或电磁铁的铁芯剩磁过大使主触头释放动作迟缓)，不能及时切断起升机构，直至卷(拉)断起升钢丝绳，导致吊物(具)坠落砸人。

5. 机体倾翻的原因

机体倾翻是指在起重机械作业中整台起重机倾翻。它通常发生在从事露天作业的流动式起重机和塔式起重机中。

发生机体倾翻主要有3种情况：

(1) 风荷作用。露天作业的起重机没有防风锚定装置或防风锚定装置不可靠，当大(台)风刮来时，致使起重机被刮倒。

(2) 地面不平。由于吊运作业现场不符合要求，如地面基础松软，有斜坡、坑、沟等，致使机体倾翻。

(3) 操作不当。指挥作业失误，超负荷，致使机体倾翻。

三、起重伤害事故的预防

为预防起重伤害事故，必须做到以下几点：

(1) 起重作业人员须经有资格的培训单位培训并考试合格，才能持证上岗。

(2) 起重机械必须设有安全装置，如起重量限制器、行程限制器、过卷扬限制器、电气防护性接零装置、端部止挡、缓冲器、连锁装置、夹轨钳、信号装置等。

(3) 严格检验和修理起重机机件，如钢丝绳、链条、吊钩、吊环和滚筒等，报废的应立即更换。

(4) 建立健全维护保养、定期检验、交接班制度和安全操作规程。

(5) 起重机运行时，禁止任何人上下，也不能在运行中检修。上下吊车要走专用梯子。

(6) 起重机的悬臂能够伸到的区域不得站人，电磁起重机的工作范围内不得有人。

(7) 吊运物品时，不得从有人的区域上空经过；吊物上不准站人；不能对吊挂着的物品进行加工。

(8) 起吊的物品不能在空中长时间停留，特殊情况下应采取安全保护措施。

(9) 起重机驾驶人员接班时，应对制动器、吊钩、钢丝绳和安全装置进行检查，发现异常时，应在操作前将故障排除。

(10) 开车前必须先打铃或报警。操作中接近人时，也应给予持续铃声或报警。

(11) 按指挥信号操作。对紧急停车信号，不论任何人发出都应立即执行。

(12) 确认起重机上无人时，才能闭合主电源进行操作。

(13) 工作中突然断电，应将所有控制器手柄扳回零位；重新工作前，应检查起重机是否工作正常。

(14) 轨道上露天作业的起重机，在工作结束时，应将起重机锚定；当风力大于 6 级时，一般应停止工作，并将起重机锚定；对于在沿海工作的起重机，当风力大于 7 级时，应停止工作，并将起重机锚定好。

(15) 当司机维护保养时，应切断主电源，并挂上标志牌或加锁。如有未消除的故障，应通知接班的司机。

第四节　锅炉与压力容器事故及预防

一、锅炉运行中常见的事故

锅炉与压力容器是现代人们生产、生活不可缺少的设备。随着化工和石油化学工业的发展，压力容器的工作温度范围也越来越宽；新工作介质的出现，还要求压力容器能耐介质腐蚀；许多工艺装置规模越来越大，压力容器的容量也随之不断增大。

锅炉与压力容器在使用中如果发生爆炸，会造成灾难性事故。历史上曾多次发生过造成百人以上人员伤亡的压力容器爆炸事故。小型液化石油气瓶的爆炸也会造成人身伤亡。因此，员工在使用锅炉与压力容器时必须遵守相关的规定，防止锅炉与压力容器发生事故。

锅炉运行中常见的事故有4种。

1. 锅炉缺水

锅炉严重缺水会造成受压元件变形和损坏，甚至发生炉管爆炸，如果处理不当可能会发生锅炉爆炸事故。发现锅炉缺水时，应严禁进水，并采取紧急停炉措施。造成锅炉缺水事故的原因大多与运行人员松懈麻痹和误操作有关，或是与水位表因无冲洗措施而发生堵塞故障有关。

2. 汽水共腾

汽水共腾的特点是水位表水位剧烈波动，锅水起泡，蒸汽中大量带水，蒸汽温度下降，严重时管道内发生水冲击。产生这种情况的主要原因是水质不良、含盐太高或锅炉负荷增加过急等。发现汽水共腾时，必须加强水质处理和加大连续排污。

3. 锅炉超压

锅炉超压运行，轻则引起元件变形、连续处损坏，严重时会引起爆炸事故。发生锅炉超压的主要原因是司炉人员盲目提高工作压力或撤离工作岗位造成的。有时，由于压力表和安全阀同时失灵也会引起锅炉超压。因此，必须加强司炉工岗位责任制和对安全附件的检查。

4. 炉管爆炸

炉管爆炸时，有显著的爆破声、喷汽声，同时水位和气压明显下降。发现这种情况时，必须采取紧急停炉处理措施。发生这种情况的一般原因是水质不良引起炉管结垢或腐蚀，缺水和爆管也可能互为因果。此外，由于设计缺陷、材料强度不足和焊接质量不好，均可能引起爆管事故。

二、锅炉与压力容器事故的预防

（1）操作人员要熟悉本岗位的工艺流程及有关容器的结构、类别、主要技术参数和技术性能，严格按操作规程操作，掌握处理一般事故的方法，认真填写有关记录。

（2）操作人员须取得相关安全生产管理部门颁发的压力容器操作人员合格证后，方可上岗工作。对发现的异常情况应及时处理并向上级汇报。

（3）严禁超温、超压运行。实行安全操作挂牌制度或采用机械连锁机构防止误操作。检查减压阀是否失灵，装料时避免过急过量，液化气体严禁超量装载，并防止意外受热等。随时检查安全附件运行情况。

（4）要平稳操作。压力容器开始加载时，速度不宜过快，防止压力突然上升。高温容器或工作温度低于0℃的容器，加热或冷却都应缓慢进行。尽量避免操作压力频繁和大幅度地波动。

（5）严禁带压拆卸压紧螺栓。

（6）做好维护保养。经常检查防腐层有无脱落、开裂等，保持防腐层完好。消除容器的跑、冒、滴、漏现象。加强容器停用期间的维护。长期停用的容器要排净内部介质，对腐蚀性介质，要排放干净，并置换、清洗和吹干，保持容器内部干燥洁净。在不用的容器外表面涂油漆，防止腐蚀。

三、搬运气瓶应注意事项

搬运和运输气瓶应小心谨慎，否则容易造成事故，应注意：

（1）运输、搬动、装卸气瓶的管理、操作、押运和驾驶人员，应学习并熟练掌握气瓶、气体的安全知识、消防器材和防毒面具的用法。

（2）气瓶应戴瓶帽，最好戴固定瓶帽，保护瓶阀，避免瓶阀受力损坏。

（3）短距离移动气瓶，最好使用专用小车。人工搬动气瓶，应手搬瓶肩，转动瓶底，不可拖拽、滚动或用脚蹬踹。

（4）应轻装轻卸，严禁抛、滑、滚、撞。

（5）吊装时应使用专门装具，严禁使用电磁起重机和链绳吊装，避免吊运途中滑落。

（6）航空、铁路、公路、水运气瓶，应遵守相应的专业规章规定。

（7）装运气瓶应妥善固定。汽车装运，一般应立放，车厢高度不应低于瓶高的2/3；卧放时，气瓶头部（有阀端）应朝向一侧，垛放高度应低于车厢高度。

（8）运输已充气的气瓶，瓶体温度应保持在40℃以下。夏天要有遮阳设施，防止暴晒，炎热地区应夜间运输。

（9）同一运输舱内（如车厢、集装箱、货仓）应尽量装运同一种气体的气瓶。严禁将容易起化学反应而引起爆炸、燃烧、毒性、腐蚀危害的异种气体气瓶同仓运输；严禁易燃气、油脂、腐蚀性物质与气瓶同仓运输。

（10）运输气瓶的舱室严禁烟火。应配备灭火器材（乙炔瓶不准使用四氯化碳灭火器）和防毒面具。

（11）运输气瓶的车辆，途中休息或临时停车，应避开交通要道、重要机关和繁华地区，应停在准许停靠的地段或人烟稀少的空旷地点，要有人看守，驾驶员和押运员不得同时离车他往。

（12）在运输途中如发生气瓶泄漏、燃烧等事故时，不要惊慌，车应往下风方向开，寻找空旷处，针对事故原因，按应急方案处理。

（13）运输车辆或舱室应张挂安全标志。

四、使用气瓶应注意事项

（1）使用气瓶者应学习气体与气瓶的安全技术知识，在技术熟练人员的指导、监督下进行操作练习，合格后才能独立进行气瓶作业。

（2）使用前应对气瓶进行检查，确认气体、气瓶确是所需且质量完好，方可使用。如发现气瓶颜色、钢印等辨别不清，检验超期，气瓶损伤（变形、划伤、腐蚀），气体质量与标准规定不符等现象，应拒绝使用并作妥善处理。

（3）按照规定，正确、可靠地连接调压器、回火防止器、输气橡胶软管、缓冲器、汽化器、焊割炬等，检查、确认没有漏气现象。连接上述器具前，应微开瓶阀吹除瓶阀出口的灰尘、杂物。

（4）使用气瓶时，一般应立放（乙炔瓶严禁卧放使用）。不得靠近热源，与明火及可燃与助燃气体气瓶之间距离不得小于10m。

（5）使用易起聚合反应气体气瓶，应远离射线、电磁波、振动源。

（6）防止日光暴晒、雨淋、水浸。

（7）移动气瓶应手搬瓶肩转动瓶底。移动距离较运时可用轻便小车运送，严禁抛、滚、滑、翻和肩扛、脚踹。

（8）禁止敲击、碰撞气瓶。绝对禁止在气瓶上焊接、引弧。不准用气瓶做支架和铁砧。

（9）注意操作顺序。开启瓶阀应轻缓，操作者应站在瓶阀出口的侧后方；关闭瓶阀应轻而严，不能用力过大，避免关得太紧、太死。

（10）瓶阀冻结时，不准用火烤，可把气瓶移入室内温度较高的地方或用40℃以下的温水浇淋解冻。

（11）注意保持气瓶及附件清洁、干燥，禁止沾染油脂、腐蚀性介质、灰尘等。

（12）瓶内气体不得用光用尽，应留有剩余压力（余压）。余压不应低于0.049MPa。

（13）气瓶使用完毕，要送回瓶库或妥善保管。

第五节　运输事故的预防

一、常见的厂内运输事故

企业机动车辆包括：汽车类，如载重汽车、大小客车、客货两用汽车、内燃叉车、装载机等；电瓶车类，如电瓶平板车、电瓶叉车等；拖拉机类，如手扶拖拉机、履带式拖拉机等；有轨车类，如电力车、蒸汽机车、内燃机车、有轨电动车等；施工设备类，如挖掘车、推土机、电铲等。

上述车辆在行驶中引起的挤压、撞车或倾覆等造成的人身伤害，行驶中上下车、扒车、搭乘非乘人车、放飞车等造成的人身伤害，车辆运输中的摘挂钩和机动车辆牵引、安装、就位等造成的人身伤害，以及车辆运行中碰撞建筑物、构筑物、堆积物引起建筑物倒塌、物体飞溅下落和挤压地面而产生物体飞溅等造成的人身伤害，都属于常见的车辆伤害事故。

二、厂内汽车在运输过程中应遵守的规定

1. 从事厂内运输作业的人员应满足的条件

《工业企业厂内铁路、道路运输安全规程》规定：

（1）从事运输工作的新职工和代培、实习人员，入厂时应进行安全教育，在指定的人员带领下工作，按不同岗位确定不同的培训时间，经考试合格后，方准上岗。

（2）机车、机动车和装卸机械的驾驶人员，必须经有关部门组织的专业技术、安全操作考试合格，发给驾驶证，方准驾驶。

（3）从事危险品运输、装卸的人员，必须定期进行安全教育，每年进行一次训练和考试，经考试合格，方准继续操作。

（4）从事运输作业的人员，应定期进行体格检查，经检查合格者，方能继续担任原职工作。

（5）运输、装卸作业人员作业时应按规定穿戴劳动防护用品。

2. 厂内铁路线路安全规定

《工厂企业厂内运输安全规程》第 2. 1. 2 ~2. 1. 4 款规定：“厂内正线、联络线在路堤地段坡脚线或护堤边线外、路堑地段坡顶线或天沟边线外，或平坦地段侧沟边线外 1m 内，严禁挖沟、蓄水、取土，并不准向铁路线路上排弃废水和倒垃圾。

站场最外侧的线路中心至路基面边缘的宽度不得小于 3m，现有不符上述规定的站场，在改、扩建条件困难时不得小于 2. 8m。在梯线、牵出线和货场边缘的装卸线等有调车人员上、下车的一侧，不得小于 3. 5m。

允许行人的铁路桥梁和隧道的一侧或两侧应设置有防护栏杆的人行道。”

3. 厂内机动车辆如何管理

《工业企业厂内运输安全规程》第 3. 2. 1 ~3. 2. 2 款规定：“车辆必须由当地公安部门或交通监理部门核发号牌和行驶证，方准行驶；限于厂内行驶的车辆，必须由厂交通安全管理部门核发号牌和行驶证，牌证不得挪用、涂改、伪造。

车辆必须按当地公安部门或交通监理部门规定的时间接受检验；限于厂内行驶的车辆，按厂交通安全管理部门规定的时间接受检验。逾期未经检验的车辆，不能行驶。”

4. 经常载人的货车有何规定

《工业企业厂内运输安全规程》第 3. 2. 4 款规定：“经常用于载人的货车，必须装有扶梯、拉手、拉杆等。车厢栏板高度不得低于 1m，车厢两侧栏间应有保险索链。如安装车棚，大型车车棚不得高于1.75m，小型车车棚不得高于1.65m。”

第3.3.8款规定：“经常用于载人的货车应遵守下列规定：①必须由具有50000km或3年以上安全驾驶经历的驾驶员驾驶，并持有当地公安部门和交通监理部门核发载客证的驾驶员驾驶；②不能超过核定的人数；③指定专人负责车上安全；④限于厂内行驶的机动车，不得用于载人。”

5. 机动车装载货物的要求和规定

《工业企业厂内运输安全规程》第3.3.5款规定：“装载货物必须均衡平稳，捆扎牢固，车厢侧板、后栏板要关好、拴牢。货物长度超过后栏板时，不得遮挡号牌、转向灯、尾灯和制动灯。装载散状、粉状或液态货物时，不得散落、飞扬或滴漏车外。”

第3.3.9款要求：“随车装卸人员应遵守下列规定：①不得超过厂交通安全部门核准的人数；②载运大、重货物未靠车厢前栏板时，货前不得乘人；③载物高度超出车厢栏板时，货上不得乘人；④不得坐在车厢栏板上，车辆未停稳前不得上、下车；⑤机动车车厢以外的任何部位或货运汽车的挂车、拖拉机的挂车、电瓶车、起重车、罐车、平板车和轮胎式专用车，不得载人。但安装有效锁制的自动倾卸车和设有牢固护栏的起重车、平板拖车、垃圾车等，经厂交通安全管理部门核准，可载装卸人员1~4人。”

6. 厂内机动车行驶速度的规定和限制

《工业企业厂内运输安全规程》第3.4.1~3.4.3款规定：“机动车在保证安全的情况下，在无限速标志的厂内主干道行驶时，不得超过30km/h，其他道路不得超过20km/h。必须超过规定速度时，须经厂主管部门批准。

恶劣天气能见度在5m以内或道路最大纵坡在6%以上，能见度在10m以内时，应停止行驶。

执行任务的消防车、工程抢险车、救护车在保证安全的情况下，不受规定速度限制。”

7. 不准停放车辆的地点

《工业企业厂内运输安全规程》第 3.4.8 款规定：“下列地点不得停放车辆：

（1）距通勤车站、加油站、消防车库门口和消火栓 20m 以内的地段；

（2）距交叉路口、平交道口、转弯处、隧道、桥梁、危险地段、地中衡和厂房、仓库、职工医院大门口 15m 以内的地段；

（3）坡度大于 5% 的路段；

（4）道路一侧有障碍物时，对面一侧与障碍物长度相等的地段两端各 20m 以内。”

三、危险货物的运输

《工业企业厂内铁路、道路运输安全规程》第 5.3.9 条规定：“装载易燃、易爆、剧毒等危险货物时应遵守下列规定：

（1）装载液态和气态易燃、易爆物品的罐车，必须挂接地静电导链；装载液化气体的车辆，应有防晒措施。

（2）装载氯酸钠、氯酸钾和用铁桶装的一级易燃液体时，不得使用铁底板车辆。

（3）装载剧毒品的车辆，用后应进行清洗、消毒。

（4）不得与其他货物混装；易燃、易爆物品的装载量不得超过货物载重量的 2/3，堆放高度不得高于车厢栏板。”

第 5.3.10 条规定：“装运易燃、易爆、剧毒等危险货物时，应遵守下列规定：

（1）必须经厂交通安全管理部门和保卫部门批准，按指定的路线和时间行驶。

（2）必须由具有 50000km 和 3 年以上安全驾驶经历的驾驶员驾驶，并选派熟悉危险品性质和有安全防护知识的人担任押运员。

（3）必须用货运汽车运输，禁止用汽车挂车及其他机动车运输。

（4）车上应根据危险货物的性质配带相应的防护、消防器材。车厢两端上方须插有危险标志。

（5）应在货车排气管消声器处装设阻火器，易燃、易爆货物专用车的排气管应装在车厢前一侧，向前排气。

（6）车厢周围严禁烟火。

（7）两台以上车辆跟踪运输时，两车最小间距为50m，行驶中不得紧急制动，严禁超车。

（8）中途停车应选择安全地点，停车或未卸完货物前，驾驶员和押运员不得离车。”

第六节 火灾及爆炸事故的预防

一、企业火灾起因

火是一种自然现象，而火灾大多是一种社会现象。引起火灾的原因，虽也有自然因素，如雷击、物质自燃等，但主要还是由于人的因素。引起火灾的直接原因很多，但无论哪一条原因，几乎都同人们的思想麻痹息息相关。

1. 违反电气安装安全规定

（1）导线选用、安装不当。

（2）变电设备、用电设备安装不符合规定。

（3）使用不合格的保险丝，或用铜、铁丝代替保险丝。

（4）没有安装避雷设备或安装不当。

（5）没有安装除静电设备或安装不当。

2. 违反电气使用安全规定

（1）发生短路。导线绝缘老化；导线裸露相碰；导线与导电体搭接；导线受潮或被水浸湿；对地短路、电气设备绝缘击穿；插座短路等。

(2) 超负荷。乱用保险丝；电气设备超负荷；保险丝熔断冒火；电气、导线过热起火等。

(3) 接触不良。连接松动；导线连接处有杂质；接头触点处理不当等。

(4) 其他原因。电热器接触可燃物；电气设备摩擦发热打火；灯泡破碎；静电放电；导线断裂；忘记切断电源等。

3. 违反安全操作规定

(1) 违章使用电焊气焊。焊割处有易燃物质；焊割设备发生故障；焊割有易燃物品的设备；违反动火规定等。

(2) 违章烘烤。超温烘烤可燃设备；烘烤设备不严密；烘烤物距火源近；烘烤作业无人监视等。

(3) 违章熬炼。超温，沸溢，熬炼物不合规定，投料有差错等。

(4) 化工生产违章作业。投料差错；超温超压爆燃；冷却中断；混入杂质反应激烈；压力容器缺乏防护设施；操作严重失误等。

(5) 储存运输不当。储运中的易燃易爆物质挥发或液体外溢；储运的物品遇火源；化学物品混存；摩擦撞击；车辆故障起火等。

(6) 其他。设备缺乏维修保养；仪器仪表失灵；违反用火规定；易燃易爆物接触火源；车辆排气管喷出火星；烧荒等。

4. 吸烟

乱扔未熄灭的烟头、火柴杆或在禁止吸烟处违章吸烟。

5. 自燃

物品受热自燃；植物堆垛自燃；煤堆自燃；化学活性物质遇空气或遇水自燃；氧化性物质与还原性物质混合自燃等。

6. 自然原因

雷击起火等。

二、火灾类型

火灾通常指违背人们的意志，在时间和空间上失去控制的燃烧所造成的灾害。

火灾按着火可燃物类别，一般分为5类：可燃气体火灾、可燃液体火灾、固体可燃物火灾、电气火灾和金属火灾。

三、物质燃烧的三个基本条件

物质燃烧须具备的三个基本条件是：

（1）可燃物。有气体、液体和固体三态，如煤气、汽油、木材、塑料等。

（2）助燃物。泛指空气、氧气及氧化剂。

（3）着火源。如电点火源、高温点火源、冲击点火源和化学点火源等。

以上三个条件，必须同时具备，并相互结合、相互作用，燃烧才能发生。

四、物质的爆炸

企业爆炸事故也是一种严重的灾害，它不仅可以破坏工厂的设施或设备，而且会带来严重的人员伤亡。特别是爆炸的发生，不像火灾那样，根本没有初期灭火或疏散等机会。为此，要预防爆炸就必须了解有关爆炸的基础知识。

1. 爆炸的机理

所谓爆炸，是大量能量（物理能量或化学能量）在瞬间迅速释放或急剧转化成功和机械、光、热等能量形态的现象。但爆炸的本质，则是“压力的急剧上升”。这种压力的上升，有的是由物理因素引起的，有的则是由于化学反应或物理化学反应引起的。爆炸能产生很大的破坏作用：如果是在容器中或在管道内发生，则可以将容器或管道炸开，发出爆破声，喷出爆炸生成的气体；如果是在建筑物内发生，则可使屋顶飞出，建筑物倒塌。另外，爆炸时，由于热膨胀产生气浪的冲击动力和很高的温度，一方面造成破坏，另一方面还有可能点燃可燃物而引起火灾。

2. 爆炸的种类

根据上述爆炸的本质和现象，爆炸可区分为物理性爆炸和化学性爆炸两大类。在工厂里，物理性爆炸一般有高压气体的爆炸和锅炉的爆炸等，而化学性爆炸包括可燃性气体、蒸汽与空气混合物的爆炸，粉尘的爆炸，气体分解的爆炸，混合危险物品引起的爆炸，以及爆炸性化合物的爆炸等。现将其部分情况分别论述如下：

（1）可燃性气体、蒸汽与空气混合物的爆炸。在工厂发生的爆炸事故中，较为普遍的是可燃气体、蒸汽与空气相混合后遇到火源而产生的爆炸。可燃气体主要有氢、乙炔、天然气、煤气、液化石油气等。可燃蒸汽主要有汽油、苯、酒精、乙醚等可燃性液体产生的蒸汽。这些气体和蒸汽与空气混合达到一定浓度时，在点火源的作用下会发生爆炸，这种可燃物质在空气中形成爆炸混合物的最低浓度叫做爆炸下限，最高浓度叫做爆炸上限。浓度在爆炸上限和爆炸下限之间，都能发生爆炸，这个浓度范围叫该物质的爆炸极限。如一氧化碳的爆炸极限是12.5% ~74.5%。一氧化碳在空气中的浓度小于12.5%时，即使有点火源，这种混合物不燃烧也不爆炸；当其浓度达到12.5%时，混合物遇点火源能轻度爆燃；当其浓度稍高于29.5%时，接触火源会发生威力很大的爆炸；当其浓度达到74.5%时，爆炸现象与浓度为12.5%时差不多；当其浓度超过74.5%时，遇火源则不燃烧、不爆炸。

爆炸极限在安全管理工作中具有很大的实用意义，可以概括为以下三个方面：①可用来评定可燃气体和可燃液体燃爆危险性的大小，作为可燃气体分级和确定其火灾危险性类别的标准。一般把爆炸下限小于10%的可燃气体划为一级可燃气体，其火灾危险性列为甲类；②可作为设计依据，例如确定建筑物的耐火等级、设计厂房通风系统、防爆电器原件选型等，都需要知道该场所可燃气体（蒸汽）的爆炸极限；③可作为制定安全生产操作规程的依据。在生产和使用可燃气体和液体的场所，应根据其燃爆危险性及其他理化性质，采取相应的防爆措施，如通风、惰性气体稀释、置换、检测报警等，以保证生产场所可燃气体（蒸汽）浓度严格控制在爆炸下限以下。

（2）粉尘爆炸。在企业的生产过程中，有些工艺会产生可燃性固体粉尘或者可燃液体的雾状飞沫。当它们分散在空气中或助燃性气体中，如果达到某种浓度，通到火源就会发生粉尘爆炸。例如镁、铁、铝、锌、塑料、木材、麻、煤甚至面粉等粉尘，在一定条件下都可产生粉尘爆炸。又如油压设备在高压下喷出机械油之后，由于空气中含有大量油雾，也能引起爆炸。

和易燃易爆气体蒸汽与空气混合物一样，粉尘混合物也有爆炸极限。当粉尘混合物达到爆炸下限时，所含粉尘已经相当多。至于爆炸上限，在大多数场合都不会达到，所以没有实际意义。粉尘的爆炸极限一般指下限，通常以 g/m^3 表示。

（3）爆炸性化合物的爆炸。这类爆炸性化合物主要是指各种炸药。一般企业比较少用，但有的也用，如雷管、三硝基甲苯（TNT）、硝化甘油、苦味酸等。这类爆炸性化合物一定要按专门的规定运输、使用、保管，否则极易发生爆炸。

（4）锅炉的爆炸。锅炉是企业用来产生高温高压水蒸气的动力设备。它的功能是把锅炉内的水加热到100℃以上，使其成为高温高压水蒸气。锅炉是高压容器，存在着破裂的危险。例如容器本身腐蚀、疲劳裂纹、烧损或者过热的原因，导致内部压力升高，从而引起锅炉发生爆炸。锅炉爆炸时，高温高压下的水突然降到正常的大气压，从而迅速蒸发为水蒸气，这时其体积急剧膨胀，具有很大的爆炸威力。这种爆炸类似于炸药或者混合性气体发生的爆炸，具有很大的破坏力，可以破坏设备、厂房或造成人员伤亡。

五、防火防爆的基本措施

1. 防火防爆的技术措施

（1）防止形成燃爆的介质。这可以用通风的办法来降低燃爆物质的浓度，使它达不到爆炸极限；也可以用不燃或难燃物质来代替易燃物质。例如用水质清洗剂来代替汽油清洗零件，这样既可以防止火灾、爆炸，还可以防止汽油中毒。另外，也可采用限制可燃物的使用量和存放量的措施，使其达不到燃烧、爆炸的危险限度。

（2）防止产生着火源，使火灾、爆炸不具备发生的条件。应严格控制以下8种着火源，即冲击摩擦、明火、高温表面、自燃发热、绝热压缩、电火花、静电火花、光热射线等。

（3）安装防火防爆安全装置。例如阻火器、防爆片、防爆窗、阻火闸门以及安全阀等。

2. 防火防爆的组织管理措施

（1）加强对防火防爆工作的管理。各级领导干部，都要重视这项工作。

（2）开展经常性防火防爆安全教育和安全大检查，提高人们的警惕性，及时发现和整改安全隐患。

（3）建立健全防火防爆制度，例如防火制度、防爆制度、防火防爆责任制度等。

（4）厂区内、厂房内的一切出入和通往消防设施的通道，不得占用和堵塞。

（5）各单位应建立义务消防组织，并配备针对性强和足够数量的消防器材。

（6）加强值班值宿，严格进行巡回检查。

3. 生产工人应遵守的防火防爆守则

（1）应具有一定的防火防爆知识，并严格贯彻执行防火防爆规章制度。禁止违章作业。

(2) 应在指定的安全地点吸烟，严禁在工作现场和厂区内吸烟和乱扔烟头。

(3) 使用、运输、贮存易燃易爆气体、液体和粉尘时，一定要严格遵守安全操作规程。

(4) 在工作现场禁止随便动用明火。确需使用时，必须报请主管部门批准，并做好安全防范工作。

(5) 对于使用的电气设施，如发现绝缘破损、老化不堪、大量超负荷以及不符合防火防爆要求时，应停止使用，并报告领导给予解决。不得带故障运行，防止发生火灾、爆炸事故。

(6) 应学会使用一般的灭火工具和器材。对于车间内配备的防火防爆工具、器材等，应加爱护，不得随便挪用。

第七节 道路交通事故预防

一、铁路道口安全

铁路与道路的交叉路口是交通事故高发区域。无论是行人还是机动或非机动车辆经过铁路道口时，都应该高度重视交通安全。应注意的事项：观察标志和警示信号是否有火车通过；听从道口管理人员的指挥；不准穿越栏杆；停车需制动停稳；载运大型设备、构件应按当地铁路部门指定的道口、时间通过。

作为过路的行人，最重要的是要有安全警惕性，在过道口时，注意瞭望，先观察，后通过；不但自己注意，还应尽到提醒的义务，提醒同行、同车的相关的人员，保证道口的安全通行。并且做到如下几点：

(1) 车辆和行人通过铁路道口，必须听从道口管理人员的指挥。

（2）凡遇到道口栏杆（栏门）关闭、声响器发出报警、道口信号显示红灯或道口管理人员示意停止行进时，车辆和行人必须依次靠右停在停车线以外；没有停车线的，停在距最外的钢轨5m以外。铁路道口的信号灯，两个红灯交替闪烁或红灯亮时，表示火车接近道口，禁止车辆、行人通行。当红灯熄灭绿灯亮时，表示道口开通，准许车辆、行人通行。

（3）通过无人看守的道口时，需停车和止步观望，确认完全后，方可通行。

二、城市交通乘车的安全

在城市经常乘坐公共汽车、地铁、电车、出租车等，共同的安全事项是：

（1）严禁携带易燃、易爆物品乘坐各种交通工具。

（2）乘车时严禁将身体伸出车外。

（3）乘车时不准在车内打闹、游戏。

（4）乘车时不与司机交谈。

（5）乘车时不能往车下抛物。

（6）乘车时不能在车内打毛衣。

（7）上下车时按安全标志行事。

（8）上下车时要注意避免拥挤。

三、骑车安全

骑车人遵守交通规则是保证交通安全的重要一环。为此，要求骑车人做到：

（1）不准双手离把，攀扶其他车辆或手中持物骑车。

（2）不准牵引车辆或被其他车辆牵引。

（3）不准扶身并行、互相追逐或曲折竞驶。

（4）骑车不准带人，带学龄前儿童时须遵守有关规定。

（5）拐弯时要伸手示意，不准突然猛拐。

（6）超车时不得妨碍被超车的行驶。

（7）禁止在人街道、人行过街通道或横过人行横道时骑行。

（8）车辆须停放在存车处或指定地点，不准妨碍交通安全畅通。

（9）不准在道路上学骑自行车。

（10）不准在车行道上滞留。

（11）遇停止信号不准通过路口，不准沿路口绕行。

（12）不准进入非机动车禁驶区。

（13）左转弯时，沿路口中心右侧大转弯，并注意让直行或左转弯的机动车先行。

第八节　安全色与安全标志

一、安全色

1. 安全色与对比色的定义和作用

安全色是表达安全信息含义的颜色，用以表示禁止、警告、指令、指示等。应用安全色使人们能够对威胁安全和健康的物体和环境作出尽快地反应，以减少事故的发生。安全色用途广泛，如用于安全标志牌、交通标志牌、防护栏杆及机器上不准乱动的部位等。但它不包括灯光、荧光颜色和航空、航海、内河航运，以及为其他目的所使用的颜色。

对比色是使安全色更加醒目的反衬色。

2. 安全色和对比色的用途

安全色规定为红、蓝、黄、绿4种颜色。其用途和含义见表4－1。

表4-1 安全色的用途和含义

颜色	含义	用途举例
红色	禁止 停止	禁止标志 停止信号：机器、车辆上的紧急停止手柄或按钮，以及禁止人们触动的部位
蓝色	指令必须遵守的规定	指令标志：如必须佩戴个人防护用具，道路指引车辆和行人行驶方向的指令
黄色	警告 注意	警告标志、警戒标志：如危险作业场所和坑、行车道中线、机械上齿轮箱的内部 安全帽
绿色	提示安全状态	提示标志：车间内的安全通道，行人和车辆通行标志；消防设备和其他安全防护装置的位置

注：1. 蓝色只有与几何图形同时使用时，才表示指令。

2. 为了不与道路两旁绿色树木相混淆，道路上的提示标志用蓝色。

对比色规定为黑白两种颜色，如安全色需要使用对比色，应符合表4-2的规定。

表4-2 安全色与对比色的共同应用

安全色	对比色
红色	白色
蓝色	白色
黄色	黑色
绿色	白色

在运用对比色时，黑色用于安全标志的文字、图形符号和警告标志的几何图形。白色既可以用作红、蓝、绿色的背景色，也可以用作安全标志的文字和图形符号。

另外，红色和白色、黄色和黑色的间隔条纹是两种较醒目的标志，其用途见表4－3。

表4－3　间隔条纹表示的含义与用途

颜　色	含　义	用 途 举 例
红白相间	禁止超过	道路上用的防护栏杆
黄黑相间	警告危险	工矿企业内部的防护栏杆 铁路和道口的交叉道上的防护栏杆

二、安全标志

1. 安全标志的定义和作用

安全标志由安全色、几何图形和图形符号所构成，用以表达特定的安全信息。此外，还有补充标志，它是安全标志的文字说明，必须与安全标志同时使用。

安全标志的作用，主要在于引起人们对不安全因素的注意，预防事故，但不能代替安全操作规程和防护措施。

2. 安全标志的类别

安全标志分为禁止标志、警告标志、指令标志和提示标志4类。

禁止标志的含义是不准或制止人们的某种行动。其图形和含义如图4－1所示（注：图形为黑色，禁止符号与文字底色为红色）。

警告标志的含义是使人们注意可能发生的危险。其图形和含义如图4－2所示（注：图形、警告符号及字体为黑色，图形底色为黄色）。

指令标志的含义是告诉人们必须遵守的意思。其图形和含义如图4－3所示（注：图形为白色，指令标志底色均为蓝色）。

提示标志的含义是向人们提示目标和方向。其图形和含义如图

禁止吸烟
禁止烟火
禁止放易燃物
禁止阻火作业
禁止攀登
禁止抛物
禁止吊车乘人
禁止合闸
禁止入内
禁止跨越
禁止用水灭火
禁止酒后上岗

图4-1　禁止标志

注意安全

当心火灾

当心触电

当心坠落

当心落物

当心扎脚

当心伤手

当心吊物

当心机械伤人

当心塌方

当心坑洞

当心车辆

施工前安全检查

当心碰头

必须标准化施工

图4－2　警告标志

图4－3　指令标志

紧急出口

闭险处

可动火区

图4-4　提示标志

4-4所示（注：提示标志的底色为绿色，文字为白色）。

三、其他与安全有关的色标

除了上述规定的安全色和安全标志外，在工厂里还有一些色标与安全有关。经常见到的色标主要是气瓶、气体管道和电气供电汇流条等方面的漆色。这些漆色代表着一定的含义，一见到它们就能迅速加以判别。这对预防事故、保证安全是有好处的。

1. 气瓶的色标

为了能迅速地识别气瓶内盛装的介质，国家劳动总局颁发的《气瓶安全监察规程》对气瓶外表面的颜色和气瓶上字样的颜色作出了规定。常用的气瓶的色标见表4-4。

表4-4　气瓶漆色

气瓶名称	外表面颜色	字　样	字体颜色
氢	深绿	氢	红
氧	天蓝	氧	黑
氨	黄	液氨	黑
氯	草绿	液氯	白
氮	黑	氮	白
压缩空气	黑	空气	黄

表4-4（续）

气瓶名称	外表面颜色	字　　样	字体颜色
二氧化碳	铝白	液化二氧化碳	黑
氩	灰	氩	绿
乙炔	白	溶解乙炔	红
石油气	铝白	溶解石油	红

2. 管道的色标

对于管道的色标，目前虽然还没有统一的标准，但习惯上的用法主要是：蒸汽管道（指水蒸气）为红色，压缩空气管道为黄色，氧气管道为天蓝色，乙炔管道为白色，自来水管道为黑色。

3. 供电汇流条的色标

在工厂内，变电所的母线汇流条以及车间的配电箱的汇流条等都漆有色标。主要是：A 相母线为黄色，B 相母线为绿色，C 相母线为红色，地线为黑色。

第四章　职业病预防常识

第一节　职业卫生基础常识

一、职业危害因素的来源

1. 生产过程中产生的有害因素

（1）化学因素。有毒物质，如铅、汞、氯、一氧化碳、有机磷农药等；生产性粉尘，如硅尘、石棉尘、煤尘、有机粉尘等。

（2）物理因素。异常气象条件，如高温、高湿、高气压、低气压等；噪声、振动、射频、微波、红外线、紫外线；α，β，γ射线，X射线等。

（3）生物因素。如附着在皮肤上的炭疽杆菌、布氏杆菌、森林脑炎病毒等。

2. 劳动过程中的有害因素

（1）劳动组织和劳动制度不合理，如劳动时间过长，休息制度不合理、不健全等。

（2）劳动中的精神过度紧张。

（3）劳动强度过大或劳动安排不当，如安排的作业人员生理状况不适应、生产定额过高、超负荷加班加点等。

（4）个别器官过度紧张，如光线不足引起的视力紧张等。

（5）长时间处于某种不良体位或使用不合理的工具等。

3. 环境中的有害因素

（1）生产不符合卫生标准或要求，如厂房低矮、狭窄，布局不合理，有毒和无毒的工段安排在一起等。

（2）缺乏必要的卫生技术设施，如没有通风换气、照明、防尘防毒、防噪声和防振动设备，或效果不好。

（3）安全防护设备和个人防护用品装备不全。

在实际的生产场所中，危害因素往往不是单一存在的，而是多种因素同时对作业人员产生作用，此时危害更大。

二、职业危害因素的分类

职业危害因素如按其性质，可根据以下因素分类。

1. 环境因素

（1）物理因素是生产环境的主要构成要素。不良的物理因素，或异常的气象条件如高温、低温、噪声、振动、高低气压、非电离辐射（可见光、紫外线、红外线、射频辐射、激光等）与电离辐射（如X射线、γ射线）等，这些都可以对人产生伤害。

（2）化学因素。生产过程中使用和接触到的原料、中间产品、成品及这些物质在生产过程中产生的废气、废水和废渣等都会对人体产生伤害，也称为工业毒物。毒物以粉尘、烟尘、雾气、蒸汽或气体的形态遍布于生产作业场所的不同地点和空间，接触毒物可对人产生刺激或使人产生过敏反应，还可能引起中毒。

（3）生物因素。生产过程中使用的原料、辅料及在作业环境中都可存在某些致病微生物和寄生虫，如炭疽杆菌、霉菌、布氏杆菌、森林脑炎病毒和真菌等。

2. 与职业有关的其他因素

劳动组织和作息制度的不合理，工作的紧张程度等；个人不良的生活习惯，如过度饮酒、缺乏锻炼；劳动负荷过重，长时间的单调作业、夜班作业，动作及体位的不合理等都会对人产生影响。

3. 其他因素

社会经济因素，如国家的经济发展速度、国民的文化教育程度、生态环境、管理水平等因素都会对企业的安全、卫生投入和管理带来影响。另外，职业卫生法制的健全、职业卫生服务和管理系统化，对于控制职业危害的发生和减少作业人员的职业危害，也是十分重要的。

三、国家法定职业病种类

职业性危害因素所引起的疾病称为职业病。但从法律意义上讲，职业病是有一定范围的，它是由政府主管部门所规定的特定职业病。法定职业病的诊断、确诊、报告等必须按《中华人民共和国职业病防治法》的有关规定执行。卫生部 2002 年第 108 号文《职业病目录》规定的职业病为 10 大类 115 种。具体分类如下：

（1）尘肺（13 种）。

（2）职业性放射性疾病（11 种）。

（3）职业中毒（56 种）。

（4）物理因素所致职业病（5 种）。

（5）生物因素所致职业病（3 种）。

（6）职业性皮肤病（8 种）。

（7）职业性眼病（3 种）。

（8）职业性耳鼻喉口腔疾病（3 种）。

（9）职业性肿瘤（8 种）。

（10）其他职业病（5 种）。

第二节 职业病预防措施

一、粉尘的危害与尘肺预防

1. 粉尘的危害

能够较长时间浮游于空气中的固体微粒称为粉尘。在生产中，与生产过程有关而形成的粉尘称为生产性粉尘。

生产性粉尘对人体有多方面的不良影响，尤其是含有游离二氧化硅的粉尘，能引起严重的职业病——硅肺。生产性粉尘还能影响某些产品的质量，加速机器的磨损。微细粉末状原料、成品等成为粉尘到处飞扬，会造成经济上的损失，甚至污染环境，危害人体健康。

生产性粉尘的来源主要有以下3种：

（1）固体物质的机械加工和粉碎，其所形成的尘粒，小者可为超显微镜的微细粒子，大者肉眼即可见到，如金属的研磨、切削，矿石或岩石的钻孔、爆破、破碎、磨粉以及粮谷加工等。

（2）物质加热时产生的蒸汽在空气中凝结、被氧化，其所形成的微粒直径多小于1μm。

（3）有机物质的不完全燃烧，其所形成的微粒直径多在0.5μm以下，如木材、油、煤炭等燃烧时所产生的烟。

此外，铸件在翻砂、清砂时或生产中使用的粉末状物质在混合、过筛、包装、搬运等操作时，沉积的粉尘由于振动或气流的影响重又浮游于空气中（二次扬尘），也是其来源。

生产性粉尘分为无机性粉尘、有机性粉尘和混合性粉尘。

无机性粉尘包括：①矿物性粉尘，如硅石、石棉、滑石等；②金属性粉尘，如铁、锡、铝、铅、锰等；③人工无机性粉尘，如水泥、金刚砂、玻璃纤维等。

有机性粉尘包括：①植物性粉尘，如棉、麻、面粉、木材、烟草、茶等；②动物性粉尘，如兽毛、角质、骨质、毛发等；③人工有机粉尘，如有机燃料、炸药、人造纤维等。

混合性粉尘系指上述各种粉尘混合存在而言。

在生产环境中，最常见的是混合性粉尘。

2. 粉尘的危害机理

生产过程中，有尘作业工人长时间吸入粉尘，能引起肺部组织纤维化病变，硬化，丧失正常的呼吸功能，导致尘肺病。尘肺病是无法痊愈的职业病。此外，部分粉尘还可以引发其他疾病，如造成刺激性疾病（沥青烟尘、石灰、皮毛引起的皮炎），急性中毒（如铅烟、锰尘等），致癌率增高（如石棉、放射性物质粉尘）。

影响粉尘的致病因素：粉尘的沉积量、粉尘的致病性、吸入量。粉尘在肺泡里的沉积量是发生尘肺病的首要条件，粉尘粒径越小、表面活性越大、所带电荷越多，越容易在肺泡内沉积。粉尘中的游离二氧化硅（不与其他元素化合物结合在一起的二氧化硅）含量越高，发病时间越短，病变发展越快，危害越大。作业场所中粉尘的浓度越高、有尘作业的劳动强度越大、接触粉尘的时间越长，粉尘的吸入量就越多，越容易得尘肺病。

3. 引发尘肺的主要因素

职工在粉尘场所从事生产劳动时引起的尘肺病，主要与下列因素有关：

（1）与该粉尘在作业场所空气中的含量有关。含量越高，越容易引发尘肺病，发病时间也越短，病变速度也越快。

（2）与粉尘的粒径和性质有关。粒径越小，越容易通过人体的呼吸道而进入肺泡，并沉积其中。化学活性越强，越易引起肺组织纤维病变。

（3）与接触粉尘的时间有关。作业场所粉尘浓度越高，接触粉尘累计时间越长，吸入粉尘的量越大，引发尘肺的机会越多。

（4）与从事的劳动强度有关。劳动强度越大，人体新陈代谢的耗能速度越快，吸入空气的数量越多，肺泡中沉积粉尘的量越大。

（5）与人体因素和防护有关。同种作业环境下，体质差的人、患有慢性病的人更易引发尘肺。同样作业环境下，不使用个体防护用具和使用不当者，较正确使用个体防护用具者易患尘肺。

4. 预防尘肺病的措施

（1）技术措施。①工艺改革。以低粉尘、无粉尘物料代替高粉尘物料，以不产尘设备、低产尘设备代替高产尘设备是减少或消除粉尘污染的根本措施；②密闭尘源。使用密闭的生产设备或者将敞口设备改成密闭设备，是防止和减少粉尘外逸，造成作业场所空气污染的重要措施；③通风排尘。受生产条件限制，设备无法密闭或密闭后仍有粉尘外逸时，要采取通风的方法，将产尘点的含尘气体直接抽走，确保作业场所空气中粉尘浓度符合国家卫生标准。

（2）组织管理措施。①加强防尘工作领导。各级领导应把防尘工作作为生产中的大事来抓，确保有一定的资金投入，用于防尘设施的改善；②加强防尘工作的宣传教育。宣传粉尘知识、粉尘危害知识、防尘设备使用常识、个人防护用品知识，使接尘者对粉尘危害有充分的了解和认识；③加强维护管理。对投入使用的各种除尘设备要加强检查、维护，确保设备的良好、高效运行。

（3）个人防护措施。受生产条件限制，在粉尘无法控制或高浓度粉尘条件下作业时，必须合理、正确使用防尘口罩、防尘服等个人防护用品。

（4）卫生保健措施。定期对接尘人员进行体检，对从事特殊作业的人员应发放保健津贴。有作业禁忌症的人员，不得从事接尘作业。

二、职业中毒危害与预防

1. 生产性毒物及其来源

在工业生产中，对人体有害的物质称为生产性毒物或工业毒物。毒物在生产过程中以多种形式出现，同一种化学物质在不同生产过程中呈现的形式也不同。毒物的来源主要有以下几个方面：

（1）生产原料，如生产颜料、蓄电池使用的氧化铅，生产合成纤维、染料使用的苯等。

（2）中间产品，如用苯和硝酸生产苯胺时产生的硝基苯。

（3）成品，如农药厂生产的各种农药。

（4）辅助材料，如橡胶、印刷行业用作溶剂的苯和汽油。

（5）副产品及废弃物，如炼焦时产生的煤焦油、沥青，冶炼金属时产生的二氧化硫。

（6）夹杂物，如硫酸中混杂的砷等。

生产性毒物在生产过程中常以气体、蒸汽、粉尘、烟和雾的形态存在并污染空气环境。如氯化氢、氰化氢、二氧化硫、氯气等在常温下呈气态的物质是以气体形态污染空气的。一些沸点低的物质是以蒸汽形态污染空气的，如喷漆作业中的苯、汽油、醋酸乙酯等。在喷洒农药时的药雾、喷漆时的漆雾、电镀时的铬酸雾、酸洗时的硫酸雾等，是以雾的形态污染空气的。冶炼铜时产生的氧化锌烟，焊接时产生的铅烟是以烟的形态污染空气的。弄清楚生产性毒物以什么形态存在，对了解毒物进入人体的途径，制定预防控制措施，以及采集空气样品，测定毒物浓度具有重要意义。

2. 生产性毒物进入人体的途径

生产性毒物进入人体的途径主要有呼吸道、皮肤和消化道。

（1）呼吸道。这是最常见和主要的途径。呈气体、气溶胶（粉尘、烟、雾）状态的毒物均可经呼吸道进入人体。经呼吸道吸收的毒物吸入肺泡后，很快能通过肺泡壁进入血液循环中，毒物随肺循环血液而流回心脏，然后不经过肝脏解毒，即直接进入体循环而分布到全身各处。一般来讲，空气中的毒物浓度越高，粉尘状毒物粒子越小，毒物在体液中的溶解度越大，经呼吸道吸收的速度就越快。

（2）皮肤。在生产中，毒物经皮肤吸收而中毒者也较常见。某些毒物可透过完整的皮肤进入体内。皮肤吸收的毒物一般是通过表皮屏障到达真皮，进入血液循环的。脂溶性毒物可经皮肤直接吸收，如芳香族的氨基、硝基化合物，有机磷化合物，苯及同系物等。个别金属如汞也可经皮肤吸收。某些气态毒物如氰化氢，浓度较高时也可经皮肤进入体内。皮肤有病损时，不能经完整皮肤吸收的毒物，也能被大量吸收。除毒物本身的化学特性外，毒物的浓度和黏稠度，皮肤接触的面积、部位，外界的气温、湿度等也会影响皮肤对毒物的吸收。

（3）消化道。在生产环境中，单纯从消化道吸收而引起中毒的机会比较少见。往往是由于手被毒物污染后直接用污染的手拿食物吃，而造成毒物随食物进入消化道。消化道吸收毒物的主要部位在小肠，尤其脂溶性毒物在肠内吸收较快。绝大部分由肠道吸入血液循环的毒物，都将流经肝脏，一部分被解毒转化为无毒或毒性较小的物质，一部分随胆汁分泌到肠腔，随排泄物排除体外，其余少部分可被吸收。有的毒物如氰化氢，在口腔内即可经黏膜吸收。

3. 生产性毒物对人体的危害

生产性毒物可经皮肤、呼吸道或消化道进入人体，损害几乎所有的人体组织和器官，导致多种疾病甚至造成急性中毒死亡，而且有些可产生遗传后果。

（1）神经系统。慢性中毒早期常见神经衰弱综合征和精神症状，一般为功能性改变，脱离接触后可逐渐恢复。铅、锰中毒可损伤运动神经、感觉神经，引起周围神经炎。震颤常见于锰中毒或急性一氧化碳中毒后遗症。重症中毒时可发生脑水肿。

（2）呼吸系统。一次吸入某些气体可引起窒息，长期吸入刺激性气体能引起慢性呼吸道炎症，可出现鼻炎、鼻中隔穿孔、咽炎、气管炎等上呼吸道炎症。吸入大量刺激性气体可引起严重的呼吸道病变，如化学性肺水肿和肺炎。

（3）血液系统。许多毒物对血液系统能够造成损害，根据不同的毒作用，常表现为贫血、出血、溶血、高铁血红蛋白以及白血病等。铅可引起低血色素贫血。苯及三硝基甲苯等毒物可抑制骨髓的造血功能，表现为白细胞和血小板减少，严重者发展为再生障碍性贫血。一氧化碳可引发碳氧血红蛋白血症，使组织缺氧。

（4）消化系统。毒物对消化系统的作用多种多样。汞盐、砷等毒物大量经口进入人体时，可出现腹痛、恶心、呕吐与出血性肠胃炎。铅及铊中毒时，可出现剧烈的持续性的腹绞痛，并有口腔溃疡、牙龈肿胀、牙齿松动等症状。长期吸入酸雾，可导致牙釉质破坏、脱落，称为酸蚀症。吸入大量氟气，牙齿上会出现棕色斑点，牙质脆弱，称为氟斑牙。许多损害肝脏的毒物如四氯化碳、溴苯、三硝基甲苯等，可引起急性或慢性肝病。

（5）泌尿系统。汞、铀、砷化氢、乙二醇等可引起中毒性肾病，如急性肾功能衰竭、肾病综合征和肾小管综合征等。

（6）其他。生产性毒物还可引起皮肤、眼睛、骨骼病变。许多化学物质可引起接触性皮炎、毛囊炎。接触铬、铍的工人，皮肤易发生溃疡。如长期接触焦油、沥青、砷等可引起皮肤黑变病，可诱发皮肤癌。酸、碱等腐蚀性化学物质可引起刺激性眼炎，严重者可引起化学性灼伤。溴甲烷、有机汞、甲醇等中毒，可发生视神经萎缩，以至失明。有些工业毒物还可诱发白内障。

4. 预防职业中毒的措施

（1）消除毒物。从生产工艺流程中消灭有毒物质，用无毒物或低毒物代替有毒原料。改革能产生有害因素的工艺过程，改造技术设备，实现生产的密闭化、连续化、机械化和自动化，使作业人员脱离或减少直接接触有害物质。

（2）密闭、隔离有害物质污染源，控制有害物质逸散。对逸散到作业场所的有害物质要采取通风措施，控制有害物质的飞扬、扩散。

（3）通风（抽排）、湿法、滤除设备与措施。加强个人防护，在存在有害物质的作业场所作业，应采用防护服、防护面具、防毒面罩、防尘口罩等个人防护用具。

（4）提高肌体抵御力。对于在有害物质作业场所作业的人员，应享受必要的保健待遇，加强营养和锻炼。

(5) 加强对有害物质的监测，控制有害物质的最高浓度低于国家有关标准。

(6) 对接触有害物质人员定期进行健康检查，必要时实行转岗、换岗作业。

(7) 加强有害物质及预防措施的宣传教育。建立健全安全生产责任制、卫生责任制和岗位责任制。

三、噪声危害与预防

1. 生产性噪声的种类

在生产过程中产生的一切声音都可称为生产性噪声。种类如下：

(1) 机械性噪声。由于机械的撞击、摩擦、织机、球磨机、电锯、机床等发出的声音。

(2) 流体动力性噪声。由于气体压力突变，如通风机、空压机、喷射器、汽笛或放水、冲刷等发出的声音。

(3) 电磁性噪声。由于电机中交变电磁力，如发电机、变压器等发出的“嗡嗡”声。

2. 噪声对健康的危害

(1) 听觉系统长期接触强烈噪声后，听觉器官首先受害，主要表现为听力下降。噪声引起的听力损伤主要与噪声的强度和接触的时间有关。听力损伤的发展过程首先是生理性反应，后出现病理改变。生理性听力下降的特点是脱离噪声环境一段时间后即可恢复，而病理性的听力下降则不能完全恢复或完全不能恢复。

(2) 神经系统表现出头痛、头晕、耳鸣、心悸、易疲倦、易激怒及睡眠障碍等神经衰弱综合征。

(3) 心血管系统表现出心率加快或减缓、血压不稳（趋向增高）、心电图呈缺血型变化的趋势。

(4) 消化系统表现出胃肠功能紊乱、食欲减退、消瘦、胃液分泌减少、胃肠蠕动减慢。

3. 防止噪声危害的措施

（1）工业企业噪声卫生标准。我国1980年公布的《工业企业噪声卫生标准》（试行）是根据A声级制定的，以语言听力损伤为主要依据并参考其他系统的改变，规定工作地点噪声容许标准为85dB（A），现有企业暂时达不到的可适当放宽，但不得超过90dB（A）。另有规定接触不足8h的工作，噪声标准可相应放宽，即接触时间减半，容许放宽3dB（A）。但无论时间多短，噪声强度最大不得超过115dB（A）。

（2）控制和消除噪声源。这是防止噪声危害的根本措施。应根据具体情况采取不同的方式解决，对鼓风机、电动机可采取隔离或移出室外，对织机、风动工具可采用改进工艺等技术措施解决，以无梭织机代替有梭织机，以焊接代替铆接，以压铸代替锻造。此外，应加强维修降低不必要的附件或松动的附件产生的撞击噪声。

（3）合理规划和设计厂区与厂房。产生强烈噪声的工厂与居住区以及噪声车间和非噪声车间之间应有一定距离（防护带）。

（4）控制噪声传播和反射的技术措施。①吸声。用多孔材料贴敷在墙壁及屋顶表面，或制成尖劈形式悬挂于屋顶或装设在墙壁上，以吸收声能达到降低噪声强度的目的；或利用共振原理采用多孔材料作为吸声的墙壁结构，均能取得较好的吸声效果。②消声。消声是防止动力性噪声的主要措施，用于风道和排气道，常用的有阻性消声器、抗性消声器及阻抗复合消声器，消声效果较好。③隔声。用一定的材料、结构和装置将声源封闭，以达阻隔噪声传播的目的。常见的有隔声室、隔声罩等。④隔振。为了防止通过固体传播的振动性噪声，必须在机器或振动体的基础和地板、墙壁连接处设隔振或减振装置。

（5）个体防护。主要保护听觉器官。在作业环境噪声强度比较高或在特殊高噪声条件下工作，佩戴个人防护用品是一项有效的预防措施。

（6）定期对接触噪声的工人进行健康检查，特别是听力检查，观察听力变化情况，以便早期发现听力损伤，及时采取有效的防护措施。应进行就业前体检，取得听力的基础材料，并对患有明显听觉器官、心血管及神经系统疾病者，禁止其参加强噪声的工作。就业后半年内进行听力检查，发现有明显听力下降者应及早调离噪声作业，以后应每年进行一次体检。

（7）合理安排劳动和休息时间，实行工间休息制度。

四、高温作业危害与预防

1. 高温作业及其特点

当室外气温等于或高于本地区夏季通风设计计算温度时，室内外温差等于或高于2℃（室内高于室外），并有生产热源的作业称为高温作业。高温作业环境的特点可分为两种基本类型：

（1）高温、强辐射作业。大多数高温作业属于这种类型，如冶金工业的炼焦、炼铁、轧钢车间，机械制造工业的铸造、锻造、热处理车间，陶瓷、玻璃等工业主要生产车间。这类作业的生产场所具有不同的热源，如锅炉、熟铁水、热钢锭等。这些热源通过传导、对流，使周围物体和空气温度升高，并能放散大量辐射热，使周围的人体和物体受热。夏天露天作业，如农业劳动、建筑、搬运等，也会受高气温和辐射热（太阳照射）的影响。

（2）高温、高湿作业。这类作业的环境特点是气温、湿度高而辐射强度不大。湿度高主要是由于生产过程中产生大量的水蒸气，或生产上要求车间内保持较高的相对湿度所致，如印染、缓丝、造纸等工业中液体加热或蒸煮时，车间内气温可达35℃以上，相对湿度常高达90%以上。潮湿的探矿井空气温度可达30℃以上，空气相对湿度可高达95%～100%，而风速往往很小，形成高温、高湿和低气流的不良环境。

2. 高温作业对人体的影响

当高温环境的热强度超过一定限度时，可对人体产生多方面的不利影响。主要有：

（1）人体热平衡。在高温环境下从事生产劳动，最常见的是人体内出现热蓄积，导致体温上升。当蓄热量超过一定限度，如体温上升到 37.9℃或 38℃以上时，一部分人即可表现出过热症状，如头痛、头晕、心慌等。如体温继续上升，则有可能发生中暑或热衰竭。因此，在高温环境中劳动，应使职工体温不超过 37.5℃为宜，最高不应高于 38℃。

（2）水盐代谢。高温作业者由于排汗增多而丧失大量水分、盐分，重体力劳动一个工作日完了时体重减轻可达 1.5 ~4kg。出汗量大小主要取决于气温、热辐射强度和劳动强度，故测定出汗量可作为人体受热强度和劳动强度的综合指标之一。有人提出，以一个工作日的出汗量 6L 为一个人承受的最高限，当水分丧失量占体重 5% ~8%，而不能及时得到补充时，即可出现工作效率低、乏力、口渴、脉搏加快、体温升高等症状。因此，给高温作业工人及时补充水分、盐分具有重要的意义。

（3）循环系统。在高温条件下作业，人体丧失大量水分，使血液浓缩，加上劳动时又需要向高度扩张的皮肤血管网内输送大量血液，以加强散热，这就更加大了心脏的负担，脉搏有时可达 120 ~150 次/min 以上。在高温作用下，皮肤血管扩张，血管紧张度降低，可使血压下降。但在高温与重体力劳动相结合情况下，血压也可增高，但舒张压一般不增高，甚至略有降低。

（4）消化系统。在高温环境下劳动，体内血液重新分配，引起消化道贫血，并可出现唾液腺分泌减少，淀粉酶活性降低，胃蠕动减弱，胃液分泌减少，因而造成食欲减退。由于大量排汗和氯化钠的损失，血液中形成胃酸所必需的氯离子储备量降低，可导致胃液酸度降低，甚至引起无胃液症。大量饮水也会使胃酸稀释。这些因素都能造成消化不良及其他胃肠道疾病增多。因此，高温作业工人消化道疾病患病率往往高于一般工人，而且工龄越长，患病率越高。

（5）泌尿系统。高温作业时，大量盐分经汗腺排出，经肾脏排出的水盐大大减低，肾脏排水量只占 10% ~15% 。长期在高温条件下劳动，若水盐供应不足，可使尿浓缩，增加肾脏负担，有时可以导致肾功能不全，尿中出现蛋白、红细胞等。

（6）神经系统。在高温、热辐射环境下劳动时，可出现中枢神经系统抑制，注意力和肌肉工作能力降低，动作的准确性和协调性差。由于劳动者的反应速度降低，正确性和协调性受到阻碍，而容易发生工伤事故。

3. 防暑降温的主要措施

做好防暑降温工作，必须采取综合性措施。主要措施包括：

（1）组织措施。①加强领导。加强领导是做好防暑降温的保障。企业领导要对防暑降温工作做到有布置、有检查、有指导，并协调好各职能部门的工作；国家卫生、劳动卫生行政执法部门应依据国家卫生标准及《防暑降温措施暂行办法》对企业防暑降温工作进行监督检查；②企业卫生和安全技术人员应及时推动本企业的防暑降温工作。入暑前做好计划和具体落实措施，及早做好设备的保养和维修以及安装和添置工作；③加强宣传教育。教育职工遵守高温作业安全规程和卫生保健制度；④制定合理的劳动休息制度。高温下作业应尽量缩短工作时间，可采取实行小换班、增加工间休息次数，延长午休时间等方法。休息地点应远离热源，并备有清凉饮料、风扇、洗澡设备等。有条件的可在休息室安装空调或采取其他的防暑降温措施。

（2）技术措施。①改革工艺过程。合理设计或改革生产工艺过程，改进生产设备和操作方法，尽量实现机械化、自动化、仪表控制，消除高温和热辐射对人的危害。工艺流程设计时，应尽可能将热源置于外面；采用热压为主的自然通风时，尽量将热源布置于天窗下面；采用穿堂风的通风厂房，应将热源布置在主导风向的下风侧；使室外空气进入车间时，先通过操作者工作点，后经过热源；②隔热。以水隔热效果最好，能最大限度地吸收辐射热。利用石棉、玻璃纤维等导热系数小的材料包敷热源也有较好的效果；③通风。利用自然通风或机械通风的方法，交换车间内外的空气。

(3) 保健措施。①供给含盐饮料。向高温作业人员提供足量合乎卫生要求的含盐饮料，以补充人体所需的水分和盐分；②发放保健食品。高温环境下作业，能量消耗增加，应增加蛋白质、热量、维生素等的摄入，以减轻疲劳，提高工作效率；③加强个人防护。高温作业的工作服应结实、耐热、宽大、便于操作，应按不同作业需要，及时供给工作帽、防护眼镜、隔热面罩、隔热靴等；④医疗预防。对高温作业人员应进行就业前和入暑前体检，凡有心血管系统疾病、高血压、溃疡病、肺气肿、肝病、肾病等疾病的人员不宜从事高温作业。

五、辐射危害与防护

电磁辐射包括非电离辐射和电离辐射两种。

1. 非电离辐射对健康的影响

非电离辐射是指紫外线、红外线、激光和射频辐射。

(1) 射频辐射对健康的影响。接触射频辐射的作业有：金属的热处理、表面淬火、金属熔炼等；无屏蔽的高频输出变压器是一个主要辐射源；食品、皮革、茶叶等用微波加热炉进行热处理，操作人员有可能接触微波辐射。生产过程中，通常为低强度慢性辐射，对神经系统、眼及心血管系统有一定的影响，可引起中枢神经和植物神经功能紊乱；长期接触高强度微波的工人，可加速眼晶状体老化过程，引起视网膜病变；对心血管系统的影响主要是造成心动过缓、血压下降等。

(2) 红外线辐射对健康的影响。自然界的红外线辐射源以太阳为最强，基建工地、搬运等露天作业，夏季红外线辐射强度很大；生产中接触红外线辐射源的作业有：金属加热、熔融玻璃等，炼钢工、轧钢工、铸造工、玻璃熔吹工、烧瓷工等可受到红外线辐射。红外线对人体的影响主要是眼睛和皮肤。长期受炉火或加热红外线辐射，可引起白内障，造成视力下降，一般两眼同时发生。职业性白内障已列入职业病名单，如玻璃工的白内障多发生在工龄较长的工人中。皮肤受红外线长期照射，局部可出现色素沉着。

(3) 激光对健康的影响。激光也是电磁波，目前使用的各种激光属于非电离辐射。激光波广泛应用主要是因其具有辐射能量集中的特点，生产中主要用于金属和塑料部件的切割、打孔、微焊等。激光对健康的影响主要是它的热效应和光化学效应造成的机械性损伤。眼部受激光照射后，可突然出现眩光感，视力模糊，或出现固定黑影，甚至视觉丧失。激光还可对皮肤造成损伤，轻度损伤表现为红斑反应和色素沉着，照射剂量大时，可出现水疱和皮肤溃疡。

2. 电离辐射及其引起的职业病

凡能直接或间接引起物质电离的辐射，称为电离辐射。其中α，β等带电粒子能直接引起物质电离，称为直接电离辐射；γ光子、中子等非带电粒子，不能直接使物质电离，称为非直接电离辐射。随着核工业的发展，核原料的勘探、开采、冶炼，核燃料及反应堆的生产、使用，放射性核元素在工业、农业、医学诊断中的应用，接触电离辐射的人员也日益增多。

电离辐射引起的职业病称为放射病，有急性放射病和慢性放射病两种。急性放射病是短期内一次或多次受到大剂量照射而引起的全身病变，多见于核能和放射装置应用中的意外事故或由于防护条件差所致职业性损伤，主要引起骨髓等造血系统损伤，也有发生肠麻痹、肠梗阻的情况；慢性放射病是长时期内受到超限值剂量照射所引起的全身性损伤，多发生于防护条件不佳的外照射工作场所，一般出现头痛、疲乏无力、记忆力下降，伴有消化系统障碍。

除全身性放射病外，电离辐射还可造成局部的放射性皮炎和放射性白内障。

3. 电磁辐射的防护

（1）非电离辐射的防护。由于电磁场辐射源所产生的场能随距离的增大而减弱，所以在不影响操作的前提下应尽量远离辐射源；避免在辐射流的正前方作业，可有效防止微波辐射。为防止辐射线直接作用于人体，合理地使用防护用品是十分重要的。穿戴金属防护服可防止射频辐射，穿戴微波屏蔽服、红外线防护服、防护帽、防护眼镜等可防止微波、红外线辐射。激光和红外线防护的重点是对眼睛的保护，除佩戴防护眼镜外，还要定期检查眼睛。

（2）对电离辐射的防护。作业人员要熟悉操作程序和安全操作规程，工作前应认真做好各项准备，如熟悉所用放射性元素的放射强度；工作结束后应及时清理用具，清除放射性污染物；在离开作业场所时应洗手或沐浴；正确使用防护用品，如穿戴工作服、防护镜、口罩、面盾等；在放射性工作场所内严禁饮食、喝水、抽烟和存放食品。

第五章　现场急救与逃生基本常识

第一节　基本的急救技术

一、人工呼吸

（1）使昏迷、失去知觉或假死状态的人仰卧，迅速解开其围巾、领扣、紧身衣扣并放松腰带。在其颈部下方可以适当垫起以利呼吸畅通，切不可在头部下方垫物。同时，还应再一次检查其是否已停止呼吸。

（2）把昏迷者的头侧向一边，清除其口腔中的假牙、血块、黏液等物。如舌根下陷，应把它拉出来，以便呼吸道畅通。如果受伤者牙关紧闭，可用小木片等坚硬物品从其嘴角插入牙缝，慢慢撬开嘴巴。

（3）使受伤者的头部尽量后仰，鼻孔朝天，下颌尖部与前胸部大体保持在一条水平线上。这样，舌根部就不会阻塞气道。

（4）救护人蹲跪在受伤者头部的左侧或右侧，一只手捏紧受伤者的鼻孔，另一只手的拇指和食指掰开受伤者嘴巴。如掰不开嘴巴，可用口对鼻人工呼吸法，即捏紧嘴巴，紧贴鼻孔吹气。

（5）深吸气后，紧贴掰开的嘴巴吹气。吹气时可隔一层纱布或毛巾。吹气时要使受伤者的胸部膨胀，每5s一次，每次吹2s。

（6）吹气后，应立即离开受伤者的口（鼻），并使受伤者的鼻孔（或嘴唇）松开，让其自由呼吸。

（7）在人工呼吸的过程中，若发现受伤者有轻微的自然呼吸时，人工呼吸应与自然呼吸的节律相一致。当自然呼吸有好转时，可暂停人工呼吸数秒并密切观察。若自然呼吸仍不能完全恢复，应立即继续进行人工呼吸，直至呼吸完全恢复正常为止。

二、胸外心脏按压法

（1）使受伤者仰卧在比较坚实的地面或地板上，松开衣服，清除口内杂物，然后进行急救。

（2）救护人员蹲跪在受伤者腰部一侧，或跨腰跪在其腰部，两手相叠。将掌根部放在受伤者胸骨下1/3的部位，把中指尖放在其颈部凹陷的下边缘，即“当胸一手掌，中指对凹膛”，手掌的根部就是正确的压点。

（3）救护人两臂肘部伸直，掌根略带冲击地用力垂直下压，压陷深度3～5cm，压出心脏里的血液。成人每秒钟按压一次，太快和太慢效果都不好。

（4）按压后，掌根迅速全部放松，让受伤者胸部自动复原，血又充满心脏。放松时掌根不必完全离开胸部。

按以上步骤连续不断地进行操作，每秒钟一次。按压时定位必须准确，压力要适当，不可用力过大过猛，以免挤压出胃中的食物，堵塞气管，影响呼吸，或造成肋骨折断、气血胸和内脏损伤等；也不能用力过小，而达不到挤压的作用。

用上述两种方法抢救时，一般需要很长时间，必须耐心地持续进行。应当指出，受伤者一旦呼吸和心脏均已停止跳动，应同时进行口对口（鼻）人工呼吸和胸外心脏按压。如果现场仅有一人救护，两种方法应交替进行，每次吹气2～3次，再挤压10～15次。进行人工呼吸和胸外心脏按压（人工氧合）急救，贵在坚持，即使在送往医院途中也不得中断。受伤后，假死达6h，经过持久的抢救，也可能复活过来。

在进行人工呼吸和胸外心脏按压的过程中，如果发现受伤者皮肤由紫变红、口唇潮红、瞳孔由大变小，说明已见效果；当受伤者嘴唇稍有开合，眼皮活动或咽喉处有咽东西的动作，则应观察其呼吸和心脏跳动是否恢复。除非受伤者呼吸和心脏跳动完全恢复正常或是出现明显死亡综合症状（为瞳孔放大，对光照无反应，背部、四肢等部位出现红色尸斑，皮肤青灰，身体僵冷），且经医生诊断死亡时，方可中止救护。

三、止血与包扎

1. 常用的止血方法

人体在突发事故中引起的创伤，如割伤、刺伤、物体打击和碾伤等，常伴有不同程度的软组织和血管的损伤，造成出血症状。

常用的止血方法主要是压迫止血法、止血带止血法、加压包扎止血法和加垫屈肢止血法。

（1）压迫止血法是一种最常用、最有效的止血方法，适用于头、颈、四肢动脉大血管出血的临时止血。当一个人负伤流血以后，只要立刻用手指或手掌用力压紧伤口附近靠近心脏一端的动脉跳动处，并把血管压紧在骨头上，就能很快起到临时止血的效果。

若头部前面出血时，可在耳前对着下颌关节点压迫额动脉；头部后面出血时，应压迫枕动脉止血，压迫点在耳后乳突附近的搏动处。颈部动脉出血时，要压迫颈总动脉，此时可用手指按在一侧颈根部，向中间的颈椎横突压迫，但绝对禁止同时压迫两侧的颈动脉，以免引起大脑缺氧而昏迷。上臂动脉出血时，压迫锁骨上方，胸锁乳突肌外缘，用手指向后方第一根肋骨压迫。前臂动脉出血时，压迫肱动脉，用四个手指掐住上臂肌肉并压向臂骨。大腿动脉出血时，压迫股动脉，压迫点在腹股沟皱纹中点搏动处，用手掌向下方的股骨面压迫。

（2）止血带止血法。适用于四肢大出血。用止血带（一般用橡皮管、橡皮带）绕肢体绑扎打结固定。上肢受伤可扎在上臂上部1/3处；下肢扎于大腿的中部。若现场没有止血带，也可以用纱布、毛巾、布带等环绕肢体打结，在结内穿一根短棍，转动此棍使带绞紧，直到不流血为止。在绑扎和绞止血带时，不要过紧或过松，过紧会造成皮肤或神经损伤；过松则起不到止血的作用。

（3）加压包扎止血法。适用于小血管和毛细血管的止血。先用消毒纱布或干净毛巾敷在伤口上，再垫上棉花，然后用绷带紧紧包扎，以达到止血的目的。若伤肢有骨折，还要另加夹板固定。

（4）加垫屈肢止血法。多用于小臂和小腿的止血，它利用肘关节或膝关节的弯曲功能，压迫血管达到止血目的。在肘窝或膝窝内放入棉垫或布垫，然后使关节弯曲到最大限度，再用绷带把前臂与上臂（或小腿与大腿）固定。

如果创伤部位有异物不在重要器官附近，可以拔出异物，处理好伤口；如无把握就不要随便将异物拔掉，应立即送医院，经医生检查，确定未伤及内脏及较大血管时，再拔出异物，以免发生大出血措手不及。

2. 常用的包扎方法

外伤伤员经过止血后，要立即用急救包、纱布、绷带或毛巾等包扎起来。常用的包扎材料有绷带、三角巾、四头带及其他临时代用品（如干净的手帕、毛巾、衣物、腰带、领带等）。绷带包扎一般用于支持受伤的肢体和关节，固定敷料或夹板和加压止血等。三角巾包扎主要用于包扎、悬吊受伤肢体，固定敷料、固定骨折等。常用的包扎法有如下几种：

（1）头顶式包扎法。外伤在头顶部可用此法。把三角巾底边折叠两指宽，中央放在前额，顶角拉向后脑，两底角拉紧，经两耳上方绕到头的后枕部，压着顶角，再交叉返回前额打结。如果没有三角巾，也可改用毛巾。先将毛巾横盖在头顶上，前两角反折后拉到后脑打结，后两角各系一根布带，左右交叉后绕到前额打结。

（2）面部面具式包扎法。面部受伤可用此法。先在三角巾顶角打一结，使头向下，提起左右两个底角，形式像面具一样。然后，将三角巾顶结套住下颌，罩住头面，底边拉向后脑枕部，左右角拉紧，交叉压在底边，再绕至前额打结。包扎后，可根据情况在眼和口鼻处剪开小洞。

(3) 头面部风帽式包扎法。头面部都有伤可用此法。先在三角巾顶角和底部中央各打一结，形式像风帽一样。把顶角结放在前额处，底结放在后脑部下方，包住头顶，然后再将两底角往面部拉紧，向外反折成三、四指宽，包绕下颌，最后拉至后脑枕部打结固定。

(4) 单眼包扎法。如果眼部受伤，可将三角巾折成四横指宽的带形，斜盖在受伤的眼睛上。三角巾长度的1/3 向上，2/3 向下。下部的一端从耳下绕到后脑，再从另一只耳上绕到前额，压住眼上部的一端，然后将上部的一端向外翻转，向脑后拉紧，与另一端打结。

(5) 如果是四肢外伤，则要根据受伤肢体和部位采用不同的包扎法。手足部受伤的三角巾包扎法，是将手掌（或脚掌）心向下放在三角巾的中央，手指（脚趾）朝向三角巾的顶角，底边横向腕部，把顶角折回，两底角分别围绕手（脚）掌左右交叉压住顶角后，在腕部打结，最后把顶角折回，用顶角上的布带或用别针固定。如果上肢受伤，可采用三角巾上肢包扎法，即把三角巾的一个底角打结后套在受伤的那只手臂的手指上，把另一个底角拉到对侧肩上，用顶角缠绕伤臂，并用顶角上的小布带包扎。然后，受伤的前臂弯曲到胸前，最后把两底角打结。根据伤肢的受伤情况，可采用膝（肘）带式包扎法，即把三角巾折成适当宽度的带状，然后把它的中段斜放在膝（肘）的伤处，两端拉向膝（肘）后交叉，再缠绕到膝（肘）前外侧打结固定。前臂（小腿）毛巾包扎法，是将伤臂的手指尖对着毛巾一角，把这一角翻向手背，另一角从手掌一侧翻过手背，并压在掌下。再用毛巾的另一端翻过来，包绕前臂，然后用带子结扎固定。如果是小腿受伤，则把毛巾一角内折在伤腿下部，再用毛巾压另一端包住小腿，最后用带子结扎固定。

四、骨折固定注意事项

（1）要注意伤口和全身状况。如伤口出血，应先止血，包扎固定；如出现休克或呼吸、心搏骤停时，应立即进行抢救。

（2）在处理开放性骨折时，局部要做清洁消毒处理，用纱布将伤口包好。严禁把暴露在伤口外的骨折端送回伤口内，以免造成伤口污染和再度刺伤血管与神经。

（3）对于大腿、小腿、脊椎骨折的伤者，一般应就地固定，不要随便移动伤者，不要盲目复位，以免加重损伤程度。如上肢受伤，可将伤肢固定于躯干；如下肢受伤，可将伤肢固定于另一健肢。

（4）骨折固定所用的夹板长度与宽度要与骨折肢体相称，其长度一般以超过骨折上下两个关节为宜。

（5）固定用的夹板不应直接接触皮肤。在固定时可将纱布、毛巾、衣物等软材料垫在夹板和肢体之间，特别是夹板两端、关节骨头突起部位和间隙部位，可适当加厚垫，以免引起皮肤磨损或局部组织压迫坏死。

（6）固定、捆绑的松紧度要适宜，过松达不到固定的目的，过紧则影响血液循环，导致肢体坏死。固定四肢时，要将指（趾）端露出，以便随时观察肢体血液循环情况。如出现指（趾）端苍白、发冷、麻木、疼痛、肿胀、甲床青紫等症状时，说明固定、捆绑过紧，血液循环不畅，应立即松开，重新包扎固定。

（7）对四肢骨折固定时，应先捆绑骨折端处的上端，后捆绑骨折端处的下端。如捆绑次序颠倒，则会导致再度错位。上肢固定时，肢体要屈着绑（屈肘状）；下肢固定时，肢体要伸直绑。

五、搬运伤员

在对伤员进行急救之后，就要把伤员迅速地送往医院。此时正确地搬运伤员是非常重要的。如果搬运不当，可使伤情加重，严重时还可能造成神经、血管损伤甚至瘫痪，难以治疗。因此，对伤员的搬运应十分小心。

1. 轻伤的搬运方法

如果伤员伤势不重，可采用扶、掮、背、抱的方法将伤员运走。

（1）单人扶着行走。左手拉着伤员的手，右手扶住伤员的腰部慢慢行走。此法适用于伤势不重、神志清醒的伤员。

（2）肩膝手抱法。伤员不能行走，但上肢还有力量，可让伤员钩在搬运者颈上。此法禁用于脊柱骨折的伤员。

（3）背驮法。先将伤员扶起，然后背着走。

（4）双人平抱法。两个搬运者站在同侧，抱起伤员走。

2. 重伤的搬运方法

针对不同伤情，应采用不同的搬运法。

（1）脊柱骨折伤员的搬运。对于脊柱骨折的伤员，一定要用木板做的硬担架抬运。应由 2 ~ 4 人搬运，使伤员成一线起落，步调一致。切忌一人抬胸，一人抬腿。将伤员放到担架上以后，使其平卧，腰部加垫，然后用 3 ~ 4 根皮带把伤员固定在木板上，以免在搬运中滚动或跌落，造成脊柱移位或扭转，刺激血管和神经，使下肢瘫痪。无担架、木板，需众人用手搬运时，抢救者必须有一人双手托住伤者腰部，切不可单独一人用拉、拽的方法抢救伤者，否则易把伤者的脊柱神经拉断，造成下肢永久性瘫痪的严重后果。

（2）颅脑伤昏迷者的搬运。搬运时要两人以上，重点保护头部，将伤员放到担架上，采取半卧位，头部侧向一边，以免呕吐物阻塞气道而窒息。如有暴露的脑组织，应加以保护。抬运前，头部给以软枕，膝部、肘部应用衣物垫好，头颈部两侧垫衣物以使颈部固定，防止来回摆动。

（3）颈椎骨折伤员的搬运。搬运时，应由一人稳定头部，其他人以协调力量将其平直抬到担架上，头部左右两侧用衣物、软枕加以固定，防止左右摆动。

（4）腹部损伤者的搬运。严重腹部损伤者，多有腹腔脏器从伤口脱出，可采用布带、绷带做一个略大的环圈盖住加以保护，然后固定。搬运时采取仰卧位，并使下肢屈曲，防止腹压增加而使肠管继续脱出。

六、烧烫伤急救

引起烧伤的原因有多种，主要是热力烧伤，包括火焰、炽热金属造成的烧伤，也包括各种热液、蒸汽所造成的烫伤；其次是化学烧伤，常见的如硫酸、盐酸、氢氧化钾、生石灰等造成的烧伤；再有是电烧伤。烧伤的急救原则是消除烧伤的原因，保护创面，设法使伤员安静止痛。

热力烧伤现场急救最基本的要求：

首先是迅速脱离热源，脱去燃烧的衣服或用水浇灭身上的火。可以就地打滚，靠身体压灭火苗或由他人帮助，或用被子、毯子、大衣等覆盖以隔绝空气灭火。切忌奔跑呼喊，因为奔跑会产生风，使火越烧越旺，同时喊叫会使火焰和烟雾被吸入呼吸道，加重吸入性损伤。对于小范围的局部烧伤，可以用自来水冲洗或井水浸泡，减少热力向组织深层传导，减轻烧伤深度。

另一方面，可以清洁创面，减轻疼痛，不要给烧伤面涂有颜色的药物如红汞、紫药水，以免影响对烧伤深度的观察和判断。也不要将牙膏、油膏等油性物质涂于烧伤创面，以减少创面污染的机会和减轻就医时处理的难度。如果出现水泡，要注意保留，不要将泡皮撕去，同时用干净的毛巾、被单等包敷，避免去医院途中污染。

对于危重烧伤病人，原则上应以就地治疗为主。因为危重烧伤病人休克发生率高，发生时间也早，如果没有经过复苏补液就匆忙长途转送，由于颠簸，加上途中治疗不及时，就会使伤情恶化，加重休克。对于口渴的病人，可以少量多次口服含盐的液体，不要在短时间内服用大量白开水，以免引发脑水肿和肺水肿等并发症。

被蒸汽或热的液体烫伤时，要立即将烫伤部位的衣服脱掉，可防止烫伤加重；因触电烧伤者应立即切断电源；对于烧伤面积小者和四肢烧伤者，可用冷水冲淋或浸泡，能起到减少损害、减轻疼痛的作用，浸浴时间一般为半小时或不痛为止。胸背部烧伤的伤员，可将干净的毛巾盖在创面上，然后用凉水向上浇以减轻疼痛。

因爆炸燃烧事故受伤的伤员，创面污染严重，不要强行清除创面上的衣物碎片和污物，简单包扎后立即送往医院治疗。对于心跳、呼吸停止者，要迅速给予心肺复苏治疗。

常见的强碱类化学烧伤有：氢氧化钾、氢氧化钠和生石灰烧伤。急救时首先脱去浸有碱液的衣服，再用大量清水冲洗创面。使用酸性中和剂必须慎重，避免产生中和热加重烧伤。一般经大量清水冲洗后，不再用中和剂。对眼部的冲洗必须彻底，而且首先要对眼部进行冲洗，至少要冲洗 15min，冲洗后再涂抗菌油膏。因生石灰引起的烧伤，要先清扫掉粘在皮肤上的石灰粉，再用大量清水冲洗。千万不要将粘有大量石灰粉的伤部直接泡在水中，以免石灰遇水生热加重烧伤。

常见的强酸类化学烧伤有：硝酸烧伤创面呈黄色痂；硫酸烧伤创面呈黑色或棕黑色痂；盐酸或碳酸烧伤创面呈白色或灰黄色痂。急救时迅速用大量清水冲洗创面，然后可用小苏打水中和创面上的酸性物质，中和后再用大量清水彻底清洗。要特别注意对眼部进行彻底清洗，而且首先要对眼部进行冲洗，至少要冲洗 10min。

七、触电急救

在实际的生产过程中，有时候会遇到人身触电事故。因此，掌握触电急救知识，对保证每一个员工人身安全具有重要意义。

1. 脱离电源

一旦发现有人触电，首先要使触电者迅速脱离电源。如触电者附近有开关、插销，则应立即断开；如果没有，可用绝缘柄电工钳切断电源线，要一相一相地剪断，避免短路电弧伤人。如果触电者的衣服是干燥的，也没有紧缠在身上，可抓衣服拉其脱离电源，千万不可触及肉体。救护时最好用一只手，站在干燥的木板、凳子上，或穿绝缘鞋进行，并注意自己的身体不要触及其他接地体。

2. 就地抢救

当伤员脱离电源后，应立即检查伤员全身情况，特别是呼吸和心跳，发现呼吸、心跳停止时，应立即就地抢救。

(1) 轻者，即神志清醒，呼吸、心跳均自主者，使伤员就地平卧，严密观察，暂时不要站立或走动，防止继发休克或心衰。

(2) 呼吸停止、心搏存在者，就地平卧，解松衣扣，通畅气道，立即进行口对口人工呼吸。

(3) 心搏停止、呼吸存在者，应立即进行胸外心脏按压。

(4) 呼吸、心跳均停止者，则应在人工呼吸的同时施行胸外心脏按压，以建立呼吸和循环，恢复全身器官的氧供应。

(5) 处理电击伤时，应注意有无其他损伤。如触电后弹离电源或自高空跌下，常并发颅脑外伤、血气胸、内脏破裂、四肢和骨盆骨折等，如有外伤、灼伤均需同时处理。

(6) 现场抢救中，不要随意移动伤员，若确需移动时，抢救中断时间不应超过30s。移动伤员或将其送往医院，除应使伤员平躺在担架上并在背部垫以平硬阔木板外，还需继续抢救。心跳呼吸停止者要继续进行人工呼吸和胸外心脏按压，在医务人员未接替前，救治不能中止。

八、中暑急救

当高温不断作用于人体或在潮湿闷热的环境中大量活动过度疲劳，体内散热困难，易引起头痛、头晕、体温升高、恶心和呕吐、面色苍白，皮肤湿冷、心慌、呼吸困难等症状，即中暑。中暑的急救方法是：

（1）将病人搬到阴凉通风的地方平卧，解开衣领，同时用浸湿的冷毛巾敷在头部，并快速扇风。有条件的可用酒精擦身加快散热。

（2）轻者一般经过上述处理会逐渐好转，再服一些人丹或十滴水。重者除上述降温方法外，还可用冰块或冰棒敷其头部、腋下和大腿腹股沟处，同时用井水或凉水反复擦身、扇风进行降温。上述降温处理时间不宜过长，只要病人体温下降并清醒过来即可。

（3）为避免皮肤很快冷却引起皮下血管收缩，妨碍体内热量散发，神志清醒者，可喂以清凉饮料、糖盐水及人丹、十滴水或藿香正气水等清热解暑药；若病人昏迷不醒，则可针刺或用手指甲掐病人的人中穴、内关穴，促使病人苏醒。出现呕吐的，应将其头部偏向一侧，以免呕吐物呛入气管引起窒息。

（4）对于高烧不退或出现痉挛等现象的病人，在积极进行上述处理的同时，应将其尽快送往医院抢救。

（5）经抢救清醒后的病人，必须在凉爽通风处充分安静休息，并饮用大量糖盐水以补充体液损失。由于此时病人体内的抗中暑机能处于疲劳状态，若再重回炎热的环境或参加体力活动，则后果将比上次中暑更加严重。

第二节　常见职业中毒的急救

一、氯气中毒

1. 毒理作用

氯气是一种黄绿色具有强烈刺激性味的气体，并有窒息臭味，许多工业和农药生产都离不开氯。氯对人体的危害主要表现在对上呼吸道黏膜的强烈刺激，可引起呼吸道烧伤、急性肺水肿等，从而引发肺和心脏功能急性衰竭。

2. 中毒表现

吸入高浓度的氯气，如每升空气中氯的含量超过 2 ~3mg 时，即可出现严重症状，如呼吸困难、紫绀、心力衰竭，病人很快因呼吸中枢麻痹而致死，往往仅数分钟至 1h，称为“闪电死亡”。较重度的中毒，病人首先出现明显的上呼吸道黏膜刺激症状，如剧烈的咳嗽、吐痰、咽喉疼痛发辣、呼吸急促困难、颜面青紫、气喘。当出现支气管肺炎时，肺部听诊可闻及干、湿性啰音。中毒继续加重，造成肺泡水肿，引起急性肺水肿，全身情况也趋衰竭。

3. 急救

迅速将伤员抬离现场，移至通风良好处，脱下中毒时所穿衣服鞋袜，注意给病人保暖，并让其安静休息。为解除病人呼吸困难，可给其吸入 2% ~3% 的小苏打溶液或 1% 硫酸钠溶液，以减轻氯气对上呼吸道黏膜的刺激作用。抢救中应当注意，氯中毒病人有呼吸困难时，不应采用徒手式的压胸等人工呼吸方法。这是因为氯对上呼吸道黏膜具有强烈刺激，易引起支气管肺炎甚至肺水肿，这种压式的人工呼吸方法会使炎症、肺水肿加重，有害无益。也可酌情使用强心剂如西地兰等，鼻部可滴入 1% ~2% 麻黄素或 2% ~3% 普鲁卡因加 0.1% 肾上腺素溶液。由于呼吸道黏膜受到刺激腐蚀，故呼吸道失去正常保护机能，极易招致细菌感染，因而对中毒较重的病人，可应用抗生素预防感染。

二、天然气中毒

天然气的主要成分是甲烷、乙烷、丙烷及丁烷等低分子量的烷烃，还含有少量的硫化氢、二氧化碳、氧、氮等气体。常用的天然气含甲烷85%以上，常因火灾、事故中漏气、爆炸而中毒。

1. 中毒表现

主要为窒息，若天然气同时含有硫化氧则毒性增加。早期有头晕、头痛、恶心、呕吐、乏力等症状，严重者出现直视、昏迷、呼吸困难、四肢强直、去大脑皮质综合征等。

2. 急救

迅速将病人抬离中毒现场，吸氧或新鲜空气。对有意识障碍者，以改善缺氧、解除脑血管痉挛、消除脑水肿为主，可吸氧，用氟美松、甘露醇等静滴，并用脑细胞代谢剂如细胞色素 C、ATP、维生素 B_6 和辅酶 A 等静滴。轻症患者仅作一般对症处理。

三、芥子气中毒

芥子气，学名二氯二乙硫醚，呈微黄色或无色的油状液体，具有芥子末气味或大葱、蒜臭味，相对密度为1.28，气态相对密度为5.5（对空气），沸点为217℃，冰点为13.4℃。芥子气对皮肤、黏膜具有糜烂刺激作用，可引起眼结膜炎、呼吸道黏膜发炎，严重时造成糜烂水肿，并多伴有继发感染。

1. 中毒表现

皮肤受芥子气作用后，往往在短时内出现明显症状，局部渐渐出现红斑。红斑与正常皮肤分界清晰，按压患处可留下白痕；红斑发展，渐渐变成青紫色并出现水疱，疱中有黄色脓液。皮肤的损伤以颜面、会阴等处较明显，暴露部位也较突出。当大腿受芥子气作用后，会阴必然伴有损伤，故此点可为诊断中毒佐证之一。

眼睛中毒出现炎症，可引起结膜炎，合并感染可成脓性。病人有流泪、羞明、发热等症状，继续发展为结膜水肿、眼睑痉挛，至最后造成角膜溃疡。严重者，由于角膜溃疡穿孔，玻璃体、水晶体流出，眼球萎缩而失明。

芥子气对呼吸道也有较强的致害作用，容易使呼吸道黏膜受损坏死，出现剧烈的咳嗽并有黏稠浓痰。严重时气管坏死，黏膜的脱落可机械地阻碍呼吸；合并感染引起支气管肺炎，病人体温升高，身体衰弱。

2. 急救

迅速将伤员抬离现场，移至通风良好无毒处，脱去衣物，并用温水冲洗全身。眼睛受伤者，速用温水冲洗并用浸 2% 苏打水的纱布包敷。

经过上述初步处理后，局部中毒如皮肤，用可溶解芥子气的溶剂，如煤油、酒精或中和剂水溶液如漂白粉、过氧化氢（双氧水）浸润棉球吸去毒液，但需注意勿与周围健康皮肤接触。中毒皮肤的水疱应在无菌条件下剪开，放出毒液，再用浸泡苏打水的纱布包好。对呼吸道中毒严重者，应予以吸氧，常用 1∶1000 高锰酸钾溶液漱口。对于剧烈咳嗽者，可使用祛痰剂。发生肺水肿者，还可静注高渗葡萄糖液，应用抗生素预防感染。

3. 预防

最好的预防方法是佩戴防毒面具。若暂时不具备防毒面具，也可用纱布、棉花浸润下列任何一种解毒溶液制成简单的面具代替：①碳酸钠 1 份，硫代硫酸钠 4 份，甘油 1 份，热水 9 份；②乌洛托品 70g，碳酸钠 30g，水 80mL。这两种液体对于一般毒气如氯气、光气、芥子气、路易氏毒气有防御作用，但作用持续时间不长，必须经常更换。

四、液化石油气中毒

液化石油气的主要成分为丙烷、丙烯、丁烷、丁烯。组成液化石油气的所有碳氢化合物均有较强的麻醉作用，但因它们在血液中的溶解度很小，常压条件下对机体的生理功能无影响。若空气中的液化石油气浓度很高,从而使空气中氧含量减低时,就能使人窒息。

1. 中毒表现

中毒后表现为头晕、乏力、恶心、呕吐，并有四肢麻木及手套袜筒形的感觉障碍，接触高浓度气体时可使人昏迷。

2. 急救

迅速将伤员抬离现场，解衣宽带，保暖，吸氧。使用脑细胞代谢剂，如细胞色素 C、APT、辅酶 A 和维生素 C、维生素 B_1、维生素 B_6、维生素 B_{12} 等静滴。有呼吸衰竭者可用呼吸兴奋剂如可拉明、洛贝林等。

五、地下建筑内窒息

一些建筑设计不合理的地下室、防空洞、贮藏室等由于通风条件差，其空气成分与外界大气成分有很大差别，离地面越远，通风越差。其中的贮藏物发生腐烂或火灾时，其空气的变化也就越大。地下建筑中的气体成分、比例的改变，基本上表现为下列 3 个方面：①氧气含量显著降低；②二氧化碳含量增高；③其他有毒气体的产生。

人若进入氧含量下降、二氧化碳含量增高的地下建筑内就可能引起缺氧窒息，如果里面还含有其他有毒气体，则危害更大。

1. 中毒表现

中毒症状主要是缺氧窒息，一般表现为头晕、头痛、耳鸣、眼花、四肢软弱无力，相继有恶心、呕吐、心慌、气短，呼吸逐渐急促，变得快而浅。随着缺氧的加重，意识逐渐模糊，全身皮肤、嘴唇、指甲处呈现明显的青紫，血压下降，瞳孔放大，病人陷入昏迷状态。最后因呼吸困难，缺氧窒息而死亡。

2. 急救处理

首先使患者脱离中毒环境，转到地面上或通风良好的地方，然后再作其他有关处理。

在消防人员进入地下建筑以前，最好先测试一下其中的空气成分；若在紧急情况下，没有现成的仪器，则可取一蜡烛点着，用绳索慢慢地吊入下面，通过火着、火灭来判断情况，循情进入。

根据测定情况，决定是先进入或是先改善地下建筑的空气状况。可使用鼓风机等促进通风，切忌盲目入内，这样既救不了别人，又害了自己。

经过通风处理后，救护人员方可入内救人。但为了保障安全，预防意外发生，仍需用安全绳、导引绳等；若用防毒面具，则更为理想。

救出的人员，应立即移至空气新鲜通风良好的地方，松开衣领、内衣、乳罩和腰带等。对呼吸困难者立即给予氧气吸入，或做口对口人工呼吸，必要时注射呼吸中枢兴奋剂。对心跳微弱不规则或刚停止者，同时施行胸外心脏按压、注射肾上腺素等。

救援者本人进入地下建筑内后，若感到头晕、眼花、心慌、呼吸困难等，应立即返回，以免中毒。即使佩戴防毒面具，也应严格计算时间，切勿大意。

第三节 自救逃生方法

一、火灾的自救逃生方法

1. 火灾现场的自救与逃生

(1) 沉着冷静，辨明方向，迅速撤离危险区域。突遇火灾，面对浓烟和大火，首先要使自己保持镇静，迅速判断危险地点和安全地点，果断决定逃生的办法，尽快撤离险地。如果火灾现场人员较多，切不可慌张，更不要相互拥挤、盲目跟从或乱冲乱撞、相互践踏，造成意外伤害。撤离时要朝明亮或外面空旷的地方跑，同时尽量向楼梯下面跑。进入楼梯间后，在确定下楼层未着火时，可以向下逃生，决不应往上跑。若通道已被烟火封阻，则应背向烟火方向离开，通过阳台、气窗、天台等往室外逃生。如果现场烟雾很大或断电，能见度低，无法辨明方向，则应贴近墙壁或按指示灯的提示，摸索前进，找到安全出口。

（2）利用消防通道，不可进入电梯。在高层建筑中，电梯的供电系统在火灾时随时会断电，或因强热作用使电梯部件变形而“卡壳”将人困在电梯内，给救援工作增加难度；同时由于电梯井犹如贯通的烟囱般直通各楼层，有毒的烟雾极易被吸入其中，人在电梯里随时会被浓烟毒气熏呛而窒息。因此，火灾时千万不可乘普通的电梯逃生，而是要根据情况选择进入相对较为安全的楼梯、消防通道、有外窗的通廊。此外，还可以利用建筑物的阳台、窗台、天台屋顶等攀到周围的安全地点。如果逃生要经过充满烟雾的路线，为避免浓烟呛入口鼻，可使用毛巾或口罩蒙住口鼻，同时使身体尽量贴近地面或匍匐前行。烟气较空气轻而飘于上部，贴近地面撤离是避免烟气吸入、滤去毒气的最佳方法。穿过烟火封锁区，应尽量佩戴防毒面具、头盔、阻燃隔热服等护具。如果没有这些护具，可向头部、身上浇冷水或用湿毛巾、湿棉被、湿毯子等将头、身体裹好，再冲出去。

（3）寻找、自制有效工具自救。有些建筑物内设有高空缓降器或救生绳，火场人员可以通过这些设施安全地离开危险的楼层。如果没有这些专门设施，而安全通道又已被烟火封堵，在救援人员还不能及时赶到的情况下，可以迅速利用身边的绳索或床单、窗帘、衣服等制成简易救生绳，有条件的最好用水打湿，然后从窗台或阳台沿绳缓滑到下面楼层或地面；还可以沿着水管、避雷线等建筑结构中的凸出物滑到地面安全逃生。

（4）暂避较安全场所，等待救援。假如用手摸房门已感到烫手，或已知房间被大火或烟雾围困，此时切不可打开房门，否则火焰与浓烟会顺势冲进房间。这时可采取创造避难场所、固守待援的办法。首先应关紧迎火的门窗，打开背火的门窗，用湿毛巾或湿布条塞住门窗缝隙，或者用水浸湿棉被蒙上门窗，并不停泼水降温，同时用水淋透房间内可燃物，防止烟火渗入，固守在房间内，等待救援人员到达。

（5）设法发出信号，寻求外界帮助。被烟火围困暂时无法逃离的人员，应尽量站在阳台或窗口等易于被人发现和能避免烟火近身的地方。在白天，可以向窗外晃动鲜艳衣物，或向外抛轻型晃眼的东西；在晚上，可以用手电筒不停地在窗口闪动或者利用敲击金属物、大声呼救等方式，及时发出有效的求救信号，引起救援者的注意。另外，消防人员进入室内救援都是沿墙壁摸索前进的，所以当被烟气窒息失去自救能力时，应努力爬到墙边或门边，便于消防人员寻找、营救。同时，躺在墙边也可防止房屋结构塌落砸伤自己。

（6）无法逃生时，跳楼是最后的选择。身处火灾烟气中的人，精神上往往陷于恐怖之中，这种恐慌的心理极易导致不顾一切的伤害性行为，如跳楼逃生。应该注意的是，只有消防人员准备好救生气垫并指挥跳楼时，或者楼层不高（一般4层以下），非跳楼即被烧死的情况下，才采取跳楼的方法。即使已没有任何退路，若生命还未受到严重威胁，也要冷静地等待消防人员的救援。

跳楼也要有技巧。跳楼时应尽量往救生气垫中部跳或选择有水池、软雨篷、草地等方向跳；如有可能，要尽量抱些棉被、沙发垫等松软物品或打开雨伞跳下，以减缓冲击力。如果徒手跳楼，一定要抓住窗台或阳台边沿使身体自然下垂，以尽量降低身体与地面的垂直距离，落地前要双手抱紧头部，身体弯曲成一团，以减少伤害。跳楼虽可求生，但会对身体造成一定的伤害，所以要慎之又慎。

2. 提高自救与逃生能力

(1) 熟悉周围环境，记牢消防通道路线。每个人对自己工作场所环境和居住所在地的建筑物结构及逃生路线要做到了如指掌。若处于陌生环境，如入住宾馆、商场购物、进入娱乐场所时，务必要留意疏散通道、紧急出口的具体位置及楼梯方位等，这样一旦火灾发生，寻找逃生之路就会胸有成竹，临危不惧，安全迅速地撤离现场。

(2) 不断提高自己的安全意识。只有在日常工作和生活中注意积累和提高各种安全技能，才能使自己面对险境时保持镇静，得以生存。因此，有火灾隐患的单位或其他有条件的单位，应集中组织火灾应急逃生演习，使人们熟悉周围环境和建筑物内的消防设施及自救逃生的方法。这样，火灾发生时就不会惊慌失措，使每个人都能沉着应对，从容不迫地逃离险境。这也是人们能从火场逃生的最有效措施之一。

(3) 保持通道出口畅通无阻。楼梯、消防通道、紧急出口等是火灾发生时最重要的逃生之路，应确保其畅通无阻，切不可堆放杂物或封闭上锁。任何人发现任何地点的消防通道或紧急出口被堵塞，都应及时报告公安消防部门进行处理。

二、毒气泄漏的自救逃生方法

化学品毒气泄漏的特点是发生突然，扩散迅速，持续时间长，涉及面广。一旦出现泄漏事故，往往引起人们的恐慌，处理不当则会产生严重的后果。因此，发生毒气泄漏事故后，如果现场人员无法控制泄漏，则应迅速报警并选择安全方法逃生。不同化学物质以及在不同情况下出现泄漏事故，其自救与逃生的方法有很大差异。

若逃生方法选择不当，不仅不能安全逃出，反而会使自己受到更严重的伤害。

(1) 发生毒气泄漏事故时，现场人员不可恐慌，应按照平时应急预案的演习步骤，各司其职，井然有序地撤离。

(2) 从毒气泄漏现场逃生时，要抓紧宝贵的时间，任何延误时机的行为都有可能给现场人员带来灾难性的后果。因此，当现场人员确认无法控制泄漏时，必须当机立断，选择正确的逃生方法，快速撤离现场。

(3) 逃生要根据泄漏物质的特性，佩戴相应的个体防护用具。如果现场没有防护用具或者防护用具数量不足，也可应急使用湿毛巾或衣物捂住口鼻进行逃生。

(4) 沉着冷静确定风向，然后根据毒气泄漏源位置，向上风向或沿侧风向转移撤离，也就是逆风逃生；另外，根据泄漏物质的相对密度，选择沿高处或低洼处逃生，但切忌在低洼处滞留。

(5) 如果事故现场已有救护消防人员或专人引导，逃生时要服从他们的指引和安排。

(6) 不要慌乱，不要拥挤，要听从指挥，特别是人员较多时，更不能慌乱，也不要大喊大叫，要镇静、沉着，有秩序地撤离。

(7) 撤离时要弄清楚毒气的流向，不可顺着毒气流动的风向走，而要逆向逃离。

(8) 逃离泄漏区后，应立即到医院检查，必要时进行排毒治疗。

(9) 还要注意的是，当毒气泄漏发生时，若没有穿戴防护服，绝不能进入事故现场救人。因为这样不但救不了别人，自己也会被伤害。

参 考 文 献

[1] 21 世纪安全生产教育丛书编写组．新工人入厂安全教育读本 [M]．北京：中国劳动社会保障出版社，2006.

[2] 国家安全生产监督管理总局培训中心．新员工岗前安全培训教材 [M]．北京：气象出版社，2006.

[3] 孟燕华．新员工职业安全健康知识 [M]．北京：化学工业出版社，2005.

[4] 杨旸，王绍民．新员工 HSE 教育读本 [M]．北京：中国石化出版社，2007.

[5] 蒋秉静．企业员工安全指南/新世纪安全教育丛书 [M]．北京：中国石化出版社，2006.

[6] 国家安全生产监督管理总局宣传教育中心．煤矿新工人安全生产培训教材 [M]．北京：冶金工业出版社，2007.

[7] 荆波．班组 HSE 基础知识与操作实务 [M]．北京：中国石化出版社，2005.

[8] 崔政斌，徐德蜀，邱成．安全生产基础新编 [M]．北京：化学工业出版社，2004.

图书在版编目（CIP）数据

新员工安全知识读本/罗云主编．—北京：煤炭工业出版社，2008.9（2011.4重印）

（企业员工安全教育丛书）

ISBN 978-7-5020-3367-5

Ⅰ.新…　Ⅱ.罗…　Ⅲ.安全生产-基本知识　Ⅳ.X93

中国版本图书馆CIP数据核字(2008)第116041号

煤炭工业出版社　出版
（北京市朝阳区芍药居35号　100029）
网址：www.cciph.com.cn
北京房山宏伟印刷厂　印刷
新华书店北京发行所　发行
*
开本880mm×1230mm 1/32　　印张4 1/8
字数99千字　　印数8 001—18 000
2008年9月第1版　　2011年4月第3次印刷
社内编号6172　　定价10.00元